高等院校艺术设计类专业
“十三五”案例式规划教材

中文版CorelDRAW X8 平面设计案例教程

■主　编　彭凌玲　孙　珊

華中科技大學出版社
http://www.hustp.com
中国·武汉

内 容 提 要

本书是一本介绍中文版 CorelDRAW X8 平面设计的案例式教材，帮助读者在学习案例的过程中掌握CorelDRAW X8平面设计的使用技巧。全书共十章，以案例方式讲解 CorelDRAW X8 基础操作、字体设计、名片设计、图形设计、标志设计、插画设计、包装设计、封面设计、广告设计、VI 设计，是读者学习 CorelDRAW X8 平面设计不可多得的参考书。

图书在版编目（CIP）数据

中文版 CorelDRAW X8 平面设计案例教程 / 彭凌玲，孙珊主编.—武汉：华中科技大学出版社，2018.7

高等院校艺术设计类专业“十三五”案例式规划教材

ISBN 978-7-5680-4190-4

Ⅰ. ①中… Ⅱ. ①彭… ②孙… Ⅲ. ①图形软件－高等学校－教材 Ⅳ. ① TP391.413

中国版本图书馆CIP数据核字(2018)第162860号

中文版 CorelDRAW X8 平面设计案例教程

Zhongwenban CorelDRAW X8 Pingmian Sheji Anli Jiaocheng

彭凌玲　孙　珊　主编

策划编辑：金　紫
责任编辑：周怡露
封面设计：原色设计
责任校对：张会军
责任监印：朱　玢
出版发行：华中科技大学出版社（中国·武汉）　电话：(027)81321913
武汉市东湖新技术开发区华工科技园　邮编：430223
录　　排：华中科技大学惠友文印中心
印　　刷：湖北新华印务有限公司
开　　本：880mm × 1194mm　1/16
印　　张：11
字　　数：247 千字
版　　次：2018 年 7 月第 1 版第 1 次印刷
定　　价：65.00 元

编　委　会

主　编　彭凌玲　孙　珊

副主编　张双翼

参　编　（排名不分先后）

刘炳彤　于斯淼　马　逍　郑笑依

项　洋　白雅君　高　森　安兆虹

李　超　于　涛　齐丽娜

前言

Preface

随着信息技术的发展和信息时代的到来，平面广告作为广告宣传的主力军，因其价格便宜、信息发布灵活、传递速度迅速等优势，现已经成为众多行业广告宣传的主要手段。在各类平面设计制作软件中，CorelDRAW 软件凭借其强大的矢量图形绘制编辑功能和易学易用的特点，深受广大平面设计人员和图形图像处理爱好者的喜爱。

本书结构清晰，语言通俗易懂，案例操作步骤详细，实用性强，便于读者学以致用。本书可作为高等院校、职业学校及各类社会培训学校的教材使用，也可作为平面设计爱好者的自学参考书。

由于编者的经验和学识有限，内容难免有不足之处，敬请广大专家、学者批评指正。

编　者

2018 年 6 月

目录

Contents

第一章　CorelDRAW X8 基础操作 /1

第一节　CorelDRAW X8 新功能 /1

第二节　CorelDRAW X8 工作区 /3

第三节　自定义 CorelDRAW X8/6

第四节　文档基础操作 /9

第五节　页面的设置 /14

第六节　辅助工具的使用 /26

第七节　设置视图显示 /35

第二章　字体设计 /40

第一节　立体字设计 /40

第二节　霓虹灯字设计 /43

第三节　折带字设计 /45

第三章　名片设计 /49

第一节　莲海素食 /49

第二节　贵宾卡设计 /53

第四章　图形设计 /60

第一节　“福”字图形设计 /60

第二节　卫生间导视图设计 /68

第五章　标志设计 /72

第一节　意达图文标志设计 /72

第二节　露曼音乐舞蹈学校标志设计 /75

第三节　春鸣合唱训练营标志设计 /80

第六章　插画设计 /86

第七章　包装设计 /92

第一节　CD 包装设计 /92

第二节　茶叶包装设计 /96

第八章　封面设计 /104

第九章　广告设计 /115

第一节　广告单页设计 /115

第二节　生日卡片设计 /123

第三节　招聘广告设计 /131

第四节　折页广告设计 /138

第十章　VI 设计 /148
案例一　信封设计 /148
案例二　档案袋的设计 /152
案例三　帽子的设计 /155
案例四　水杯的设计 /155
案例五　T 恤衫的设计 /158
案例六　胸牌设计 /159

附录　CorelDRAW X8 快捷键 /162

参考文献 /167

第一章
CorelDRAW X8 基础操作

章节导读

- CorelDRAW X8 新功能
- CorelDRAW X8 工作区
- 自定义 CorelDRAW X8
- 文档基础操作
- 页面的设置
- 辅助工具的使用
- 设置视图显示

第一节 CorelDRAW X8 新功能

与以前的 CorelDRAW X7 版本相比，CorelDRAW X8 具备更多新功能，简单介绍如下。

1. 获取更多新增功能

可直接从 CorelDRAW 和 Corel PHOTO-PAINT 中下载应用程序、插件和扩展名，扩展创意工具集合。

2. 兼容性（增强功能）

CorelDRAW 不仅支持 Windows 7 和 Windows 8.1，而且也支持 Microsoft Windows 10。扩展兼容性选项，支持 100 多种最新的文件格式，包括 AI、PSD、

PDF、JPG、PNG、SVG、DWG、DXF、EPS、TIFF、DOCX、PPT 等格式。

3. 支持多监视器、4K 和实时触笔（新增功能）

利用全新的多监视器和 4K 显示屏支持功能。除了平板电脑和设备外，还可通过附加控制快速高效工作。

4. Corel Font Manager（新增功能）

使用全新 Corel Font Manager 了解、处理并管理字体，以满足所有字型需求，可便捷管理字型和字体集，无需安装即可使用字体。

5. 字体筛选和搜索功能（增强功能）

通过增强的字体筛选功能，节省宝贵的设计时间。快速找到所需的特定字体，而无需花时间在多个文件夹中搜索。

6. 显示对象（新增功能）

通过使用全新的“隐藏和显示对象”功能，可在图层上隐藏单个对象或对象组，而无需隐藏整个图层，从而轻松管理复杂项目。

7. 复制曲线段（新增功能）

使用复制曲线线段（可在项目中重复使用曲线线段）功能，复制、粘贴或重复现有曲线片断。

8. 高斯式模糊功能（新增功能）

借助 Corel PHOTO-PAINT 自带的高斯式模糊透镜制作无损模糊效果。在 CorelDRAW 中调整边缘阴影羽化的角度，这样可以根据背景和其他元素控制感知距离和对象大小。

9. 修复克隆工具（新增功能）

使用功能强大的全新工具，以多种方式修复并编辑，从而改善图片的呈现效果。通过将瑕疵与环境颜色和纹理混合，尝试使用全新的修复复制工具，以将瑕疵移除。

10. 矫正图像对话框（增强功能）

通过 CorelDRAW 和 Corel PHOTO-PAINT 中功能增强的“矫正图像”对话框，可以修复照片中包含直线和平面的透视失真，例如建筑照片。

11. 刻刀工具（增强功能）

通过 CorelDRAW 中重新设计的刻刀工具，可沿直线、手绘或贝塞尔线分割任何对象或对象组（矢量、文本和位图）。因为分割操作或叠加可能会在新对象之间创建间隙。选择轮廓选项，或允许应用程序自动选择最适合保留轮廓外观的选项。

12. 工作区自定义（新增功能）

通过匹配工作流需求的工作区，可立即提高效率。通过更改常用元素的外观，可满足需要的设计空间，如更改桌面和窗口边框颜色、自定义图标和文本大小。

13. 入门帮助（新增功能）

了解基本功能并通过启动概览查看新增内容，或通过仅为 Adobe 用户设计的特殊概览转移到套件。使用匹配工作流需求的工作区可立即提高效率，并从高品质内容和通用产品的学习中获益。

14.【边框和索环】对话框（新增功能）

通过【边框和索环】对话框，可以从页面或页面上的选定对象创建标题。不论使用小型项目（例如徽标或 Web 图形）还是大型图形（例如标题和车身贴），CorelDRAW 将会交付所需的输出。

15. CorelDRAW 与 SDK 开发人员社区（新增功能）

在全新 CorelDRAW 与 SDK 开发人员社区站点的支持下创建自动化工具：community.coreldraw.com/sdk。了解这款图形设计软件的多种资源（包含深度编程文章和完全可搜索的 API 参考），有助于使用宏自动化任务并创建自定义工具。

小贴士

CorelDRAW X8 主应用程序

CorelDRAW® X8——矢量插图和页面布局。

Corel® PHOTO-PAINT® X8——图像编辑。

Corel Font Manager? X8——TrueType 和 OpenType 字体管理。

Corel® PowerTRACE® X8——位图转矢量跟踪。

Corel® CONNECT?——内容查找器。

Corel® CAPTURE? X8——屏幕捕获工具。

Corel® Website Creator?*——网站设计。

第二节　CorelDRAW X8 工作区

CorelDRAW X8 软件的工作界面包括标题栏、菜单栏、标准工具栏、属性栏、绘图窗口、绘图页面、工具箱和状态栏等。打开 CorelDRAW 软件之后，新建一个空白文档，即可进入 CorelDRAW 工作界面，如图 1–1 所示。

界面介绍如下。

（1）标题栏：位于窗口的最顶端，显示打开文档的标题。标题栏包含程序图标、最大化、最小化、还原、关闭按钮。

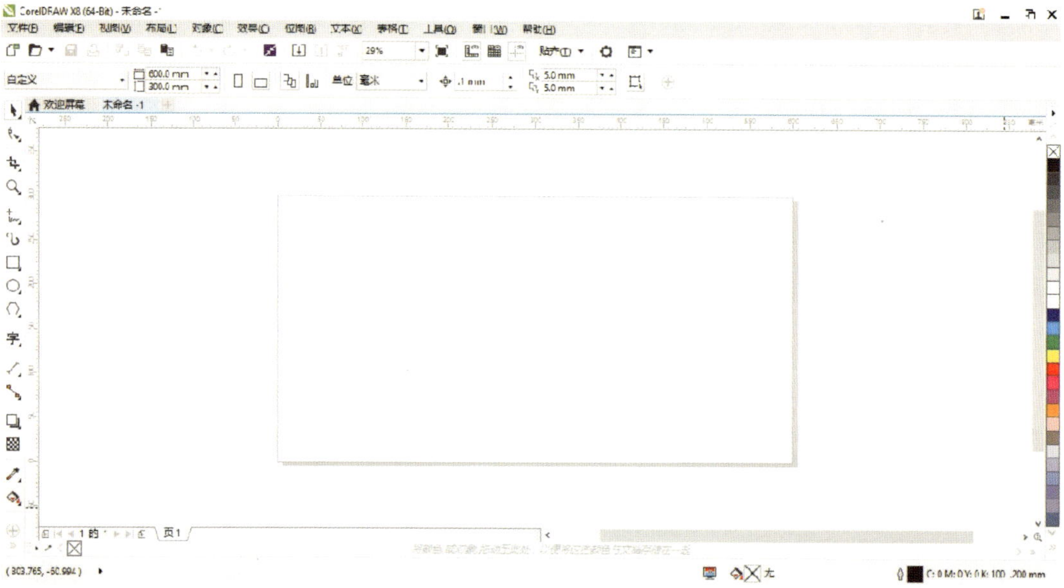

图 1-1　CorelDRAW 界面

（2）菜单栏：位于标题栏下方，用于存放 CorelDRAW X8 软件的常用命令，包含下拉选项和命令的区域。

（3）标准工具栏：位于菜单栏下方，集合了一些常用的命令按钮（如打开、保存、打印等），使得操作方便简捷，为用户节约从菜单中选择命令的时间。

（4）属性栏：位于标准工具栏下方，包含与活动工具或对象相关的命令的分离栏。

（5）工具箱：位于 CorelDRAW X8 界面左侧，包含可用于在绘制中创建和修改对象的工具，部分工具默认可见，其他工具需要点击右下角黑色小三角标记，即可展开工具栏查看使用。CorelDRAW X8 的工具箱改为一行罗列，更多的操作可参考自定义。

（6）调色板：位于 CorelDRAW 软件右侧，放置包含色样的泊坞栏，默认的色彩模式为 CMYK 模式。

（7）泊坞窗：位于 CorelDRAW 软件界面右侧，包含与特定工具或任务相关的可用命令和设置的窗口。

（8）标尺：位于工具箱的右侧以及属性栏的下方，用于确定绘图中对象大小和位置的带标记的校准线。

（9）绘图页面：位于 CorelDRAW 软件的核心位置，是绘图窗口中带阴影的矩形。它是工作区域中可打印的区域。

（10）绘图窗口：位于 CorelDRAW 绘图页面的周围区域，以滚动条和应用程序控件为边界的区域，其中包括绘图页面和周围区域。

（11）状态栏：位于 CorelDRAW X8 界面的最下方，包含有关对象属性的信息，例如类型、大小、颜色、填充和分辨率。状态栏还显示鼠标的当前位置。

（12）文档调色板：位于 CorelDRAW X8 状态栏上方，包含当前文档色样的泊坞栏。

（13）文档导航器：位于 CorelDRAW X8 文档调色板上方，包含用于在页面之间移动和添加页面控件的一个区域。

（14）导航器：位于文档导航器的右侧。它是一个按钮，可打开一个较小的显示窗口，帮助用户在绘图上进行移动操作。

小贴士

CorelDRAW X8 工作区选择

CorelDRAW 包含一组旨在帮助用户提高工作效率的工作区。工作区是对设置的配置，指定打开应用程序时各个命令栏、命令和按钮是如何排列的。用户可以从屏幕中选择一个工作区，也可以切换到应用程序中的不同工作区。

CorelDRAW 中的专用工作区是根据特定工作流或任务配置的，如页面布局工作或插图说明。

1. Lite

此工作区使 CorelDRAW 的工具更方便使用。如果首次使用 CorelDRAW，Lite 工作区是理想的开始。

2. X6 Inspired

此工作区几乎等同于默认的 CorelDRAW X6 工作区。它最适合 CorelDRAW 的老用户使用。此工作区的许多元素已经过优化，以提供更为简化的工作流。

3. 默认

此工作区已重新设计，可以提供更加直观的工具和控件放置方式并帮助主题以“默认”工作区为基础。对于使用过其他矢量图形软件以及熟悉 CorelDRAW 的用户，此工作区都是理想选择。

4. 插图

此工作区旨在使图书封面设计、杂志广告、故事板和其他类型的插图的创建流程更直观、更高效。

5. 页面布局

此工作区对排列图形和文本对象进行了优化，这样就可以为名片、品牌材料、产品包装或多页文档（如宣传册和时事通讯）创建合理的布局。

6. Adobe Illustrator

通过将 CorelDRAW 的功能放置到 Adobe Illustrator 中对等的位置，来模拟 Adobe Illustrator 工作区。如果用户最近从 Adobe Illustrator 切换

到了 CorelDRAW，并且不熟悉 CorelDRAW 工作区，则可以使用此工作区。

7. 选择工作区

单击【窗口】工作区，并选择一个可用的工作区。

用户可以从初始界面选择工作区，或单击类别列表中的工作区，然后启用工作区列表中的工作区旁边的复选框。

第三节　自定义 CorelDRAW X8

在CorelDRAW X8应用程序中，可以根据需要排列菜单栏和命令来自定义应用程序。

一、自定义工具栏

在 CorelDRAW X8 应用程序中，用户可以自定义工具栏的位置和显示状态。工具栏可以附加到应用程序窗口的边缘，也可以将工具栏拖曳至应用程序窗口的边缘，使其处于浮动状态，便于随处移动。用户可以创建、删除和重命名自定义工具栏，也可以通过添加、移除以及排列工具栏项目来自定义工具栏，还可以通过调整按钮大小、工具栏边框，以及设置显示图像、标题或同时显示图像与标题来调整工具栏外观。

在 CorelDRAW X8 应用程序中，创建自定义工具栏的步骤如下。

（1）在 CorelDRAW X8 中，选择菜单栏中的【工具】|【自定义】命令，打开【选项】对话框。在对话框左侧的【自定义】类别列表中，单击【命令栏】选项，再单击【新建】按钮，然后在【命令栏】列表中输入名称“我的命令栏”，最后单击【确定】按钮，如图 1-2 所示。

图 1-2　创建自定义工具栏

小贴士

自定义工具栏的删除和重命名

要删除自定义工具栏，可在【选项】对话框中单击左侧【自定义】类别列表中的【命令栏】选项，然后选中工具栏名称，单击【删除】按钮。要重命名自定义工具栏，可双击工具栏名称，然后输入新名称。

（2）点击【Ctrl ＋ Alt 键】，然后将应用程序窗口中的工具或命令按钮拖动到新建的工具栏中即可创建自定义工具栏。

二、自定义菜单栏

CorelDRAW X8 应用程序的自定义功能允许用户修改菜单栏及其包含的菜单。用户可以改变菜单和菜单命令的顺序，添加、移除和重命名菜单和菜单命令，以及添加和移除菜单命令分隔符。如果没有记住菜单位置，可以搜索菜单命令，还可以将菜单重置为默认设置。自定义的设置既适用于菜单栏菜单，也适用于通过右击弹出的快捷键菜单。

在 CorelDRAW X8 应用程序中，自定义菜单及菜单命令操作步骤如下。

（1）在 CorelDRAW X8 应用程序中，选择菜单栏中的【工具】|【自定义】命令，打开【选项】对话框。在该对话框左侧的【自定义】类别列表中，单击【命令】选项，如图 1–3 所示。

图 1–3　自定义菜单

（2）在应用程序窗口的【视图】菜单命令上按下鼠标左键，并按住鼠标左键向右拖动菜单，至【窗口】菜单前释放鼠标，更改菜单命令排列顺序。

（3）选择菜单栏中的【文件】命令，然后选择【选项】对话框中【文件】命令列表中的【从文档新建】命令，再单击右侧的【外观】标签，在【标题】文本框中输入“新建文档”，最后单击【确定】按钮，即可应用自定义菜单命令名称。

三、自定义工作区

工作区是对应用程序设置的配置，指定打开应用程序时各个命令栏、命令和按钮的排列。在 CorelDRAW X8 中可以创建和删除工作区，也可以选择程序中包含的预置的工作区。例如，用户可以选择具有 Adobe Illustrator 外观效果的工作区，还可以将当前工作区重置为默认设置，也可以将工作区导出、导入到使用相同应用程序的其他计算机中。

在 CorelDRAW X8 应用程序中，新建工作区操作步骤如下。

（1）在 CorelDRAW X8 应用程序中，选择菜单栏中的【工具】|【自定义】命令，打开【选项】对话框。在左侧列表中选择【工作区】选项，然后单击【新建】按钮，最后点击【确定】按钮，如图 1–4 所示。

图 1–4 【选项】对话框

（2）打开【新工作区】对话框，在【新工作区的名字】文本框中输入工作区的名称“我的工作区”。从【基新工作区于】列表框中，选择【Adobe® Illustrator®】作为新工作区的基础，最后单击【确定】按钮，完成新工作区的创建，如图 1–5 所示。

图 1–5 创建新工作区

第四节 文档基础操作

要在 CorelDRAW X8 应用程序中进行设计工作，必须先熟悉新建、打开、保存、关闭等基本的文件操作。

1. 新建文档

在 CorelDRAW X8 中进行绘图设计之前，首先要新建文件。新建文件时，设计者可以根据设计要求、目标用途对页面进行相应的设置，以满足实际应用需求。启动 CorelDRAW X8 应用程序后，要新建文件，可以在【欢迎屏幕】窗口中单击【新建文档】按钮，或选择【文件】|【新建】命令，或单击标准工具栏中的【新建】按钮 ，或直接点击【Ctrl + N 键】，打开【创建新文档】对话框，通过设置可以创建用户所需大小的图形文件。

在 CorelDRAW X8 应用程序中，新建图像文件的步骤如下。

（1）启动 CorelDRAW X8，在【欢迎屏幕】窗口中单击【新建文档】按钮，打开【创建新文档】对话框。

（2）在对话框的【名称】文本框中输入“绘图文件”，设置【宽度】数值为“100mm”，【高度】数值为“50mm”，【渲染分辨率】数值为“150dpi”，单击【确定】按钮，即可创建新文件。

2. 应用模板

CorelDRAW X8 预设了多种类型的模板，用户可以通过这些模板创建新的绘图页面，也可以从中选择一种适合的模板载入到绘制的图形文件中。

选择【文件】|【从模板新建】命令，或在【欢迎屏幕】窗口中单击【从模板新建】选项，打开【从模板新建】对话框。在对话框左侧单击【全部】选项，可以显示系统预设的全部模板文件。在【模板】下拉列表中选择所需的模板文件，最后单击【打开】按钮，即可在 CorelDRAW X8 中新建一个以模板为基础的图形文件，用户可以在该模板的基础上进行修改、新建。

从模板新建绘图文件步骤如下。

（1）在启动 CorelDRAW X8 应用程序后，单击【欢迎屏幕】窗口中的【从模板新建】选项，或选择【文件】|【从模板新建】命令，打开【从模板新建】对话框。

（2）在该对话框左侧的【查看方式】下拉列表中选择【类型】选项，并拖动对话框底部的缩放滑块以放大模板预览图。

（3）在【从模板新建】对话框左侧的【过滤器】列表中单击【小册子】选项，然后在【模板】预览区中单击选中某一模板，这时对话框右侧的【设计员注释】区域中将显示该模板的所有注释信息，最后单击【打开】按钮，选中的模板如图 1–6 所示。

图 1-6　从模板新建绘图文件

3. 打开文件

当用户需要修改或编辑已有的文件时，可以选择【文件】|【打开】命令，或点击【Ctrl + O 键】，或者在工具栏中单击【打开】按钮，弹出【打开绘图】对话框，从中选择需要打开的文件的类型、文件的路径和文件名后，单击【打开】按钮即可。

另外，CoreDRAW X8 具有保存最近使用文档记录的功能，在【文件】|【打开最近用过的文件】子菜单下选择相应的选项即可打开最近用过的文件。

如果需要同时打开多个文件，可在【打开绘图】对话框的文件列表框中，按住【Shift 键】选择连续排列的多个文件，或按住【Ctrl 键】选择不连续排列的多个文件，然后单击【打开】按钮，即可按照文件排列的先后顺序将选取的所有文件打开。

4. 保存文件

在绘图过程中，为避免文件意外丢失，需要及时将编辑好的文件保存到磁盘中。选择【文件】|【保存】命令，或点击【Ctrl + S 键】，或在工具栏中单击【保存】按钮，打开【保存绘图】对话框，选择保存文件的类型、路径和名称，然后单击【保存】按钮即可。

如果当前文件是在一个已有的文件基础上进行修改，那么在保存文件时，选择【保存】命令，将使用新保存的文件数据覆盖原有的文件，而原文件将不复存在。如果要在保存文件时保留原文件，可选择【文件】|【另存为】命令，打开如图 1–7 所示的【保存绘图】对话框，设置保存文件的文件名、类型和路径，再单击【保存】按钮，即可将当前文件存储为一个新的文件。

在 CorelDRAW X8 中，用户还可以对文件设置自动保存。选择【工具】|【选项】命令，在打开的【选项】对话框中选择【工作区】|【保存】选项，然后可在右侧的选项区中进行设置，如图 1–8 所示。

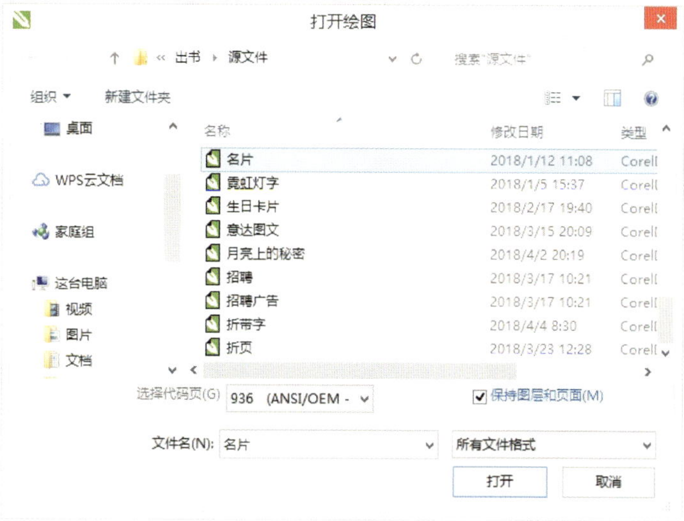

图 1-7　保存文件

图 1-8　设置自动保存文件

5. 关闭文件

当用户需要退出当前正在编辑的文档时，可选择【文件】|【关闭】命令，或单击菜单栏右侧的【关闭】按钮 ，即可关闭当前文件。如果当前编辑的文件没有进行最后的保存，则系统将弹出提示对话框，询问用户是否对修改的文件进行保存。选择【文件】|【全部关闭】命令，即可关闭所有打开的图形文件。

6. 导入和导出文件

【导入】和【导出】命令是 CorelDRAW 和其他应用程序之间进行联系的桥梁。通过【导入】命令可以将其他应用软件生成的文件输入至 CorelDRAW 中，包括位图和文本文件等。

需要导入文件时，选择【文件】|【导入】命令，打开【导入】对话框，选择所需导入的文件后，单击【导入】按钮即可，如图 1–9 所示。打开 CorelDRAW 工作区后，在

标准工具栏中单击【导入】按钮 ，或点击【Ctrl + I 键】也可以打开【导入】对话框，选择所需图像或文件。

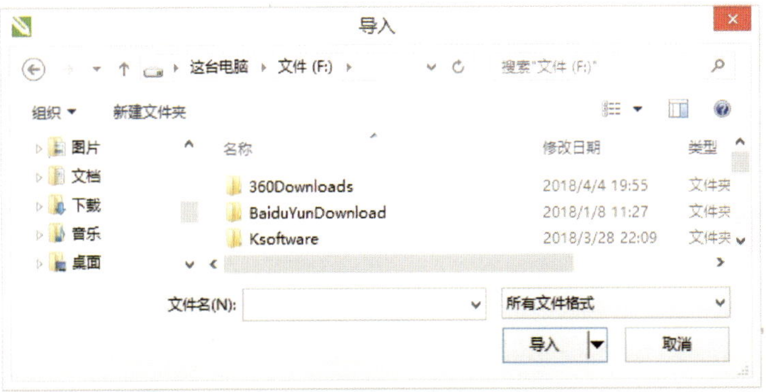

图 1–9　导入文件

导出功能可以将 CorelDRAW 绘制好的图形输出为位图或其他格式的文件。选择【文件】|【导出】命令或单击标准工具栏中的【导出】按钮 ，打开【导出】对话框，选择要导出的文件格式后，单击【导出】按钮，即可导出文件。选择不同的导出文件格式，会打开不同的格式设置对话框，如图 1–10 所示。

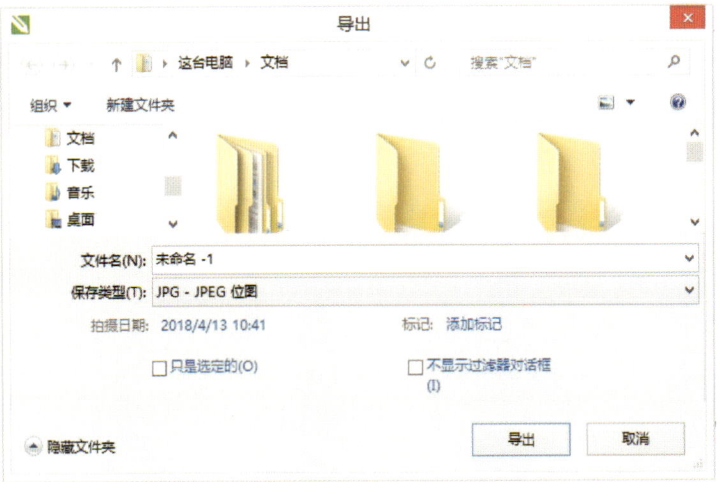

图 1–10　导出文件

7. 备份和恢复文件

CorelDRAW 可以自动保存绘图的备份副本，并在发生系统错误以重新启动程序时，提示用户恢复备份副本。在 CorelDRAW 的任何操作期间，都可以设置自动备份文件的时间间隔，并指定要保存文件的位置。默认情况下，将保存在临时文件夹或指定的文件夹中。

重新启动 CorelDRAW 时，用户可以从临时文件夹或指定的文件夹中恢复备份文件，也可以选择不恢复文件。但正常关闭程序时，该文件将被自动删除。

设置 CorelDRAW X8 的自动备份文件参数步骤如下。

（1）选择菜单栏中的【工具】|【选项】命令，打开【选项】对话框。在对话框左侧列表中选择【工作区】|【保存】选项，如图 1–11 所示。

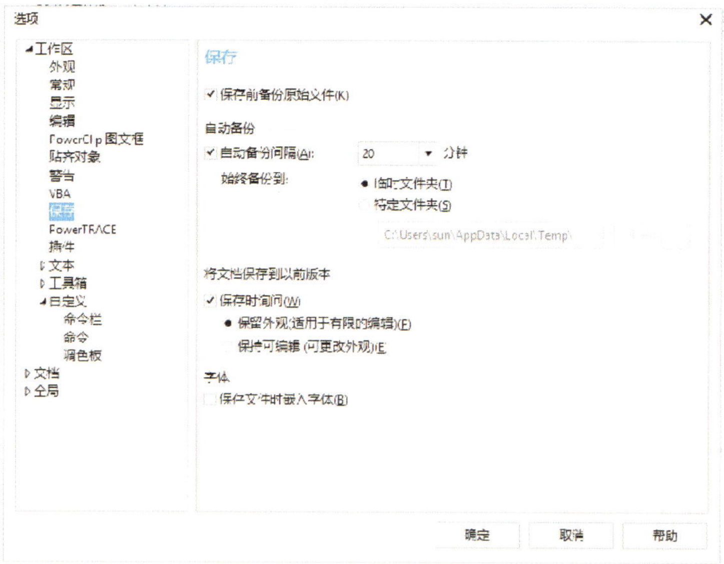

图 1–11　【选项】对话框

（2）在【自动备份间隔】复选框后的【分钟】下拉列表中选择数值“50”，在【始终备份到】选项区域中，选中【临时文件夹】单选按钮可将自动备份文件保存到临时文件夹中，选中【待定文件夹】单选按钮可指定保存自动备份文件的文件夹。选中【待定文件夹】单选按钮，单击【浏览】按钮，在打开的【浏览文件夹】对话框中选择备份文件夹，最后单击【确定】按钮关闭【选项】对话框，如图 1–12 所示。

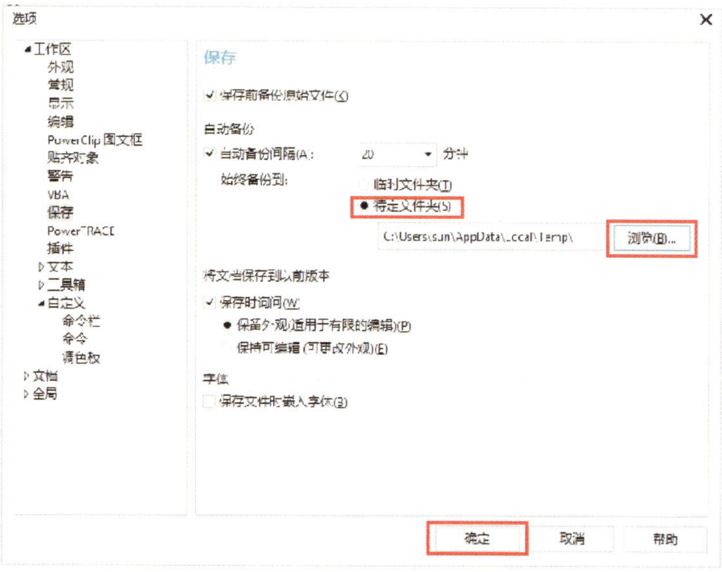

图 1–12　设置自动备份

在重新启动 CorelDRAW X8 应用程序后，要恢复自动备份的文档，单击提示对话框中的【确定】按钮即可，如图 1–13 所示。

13

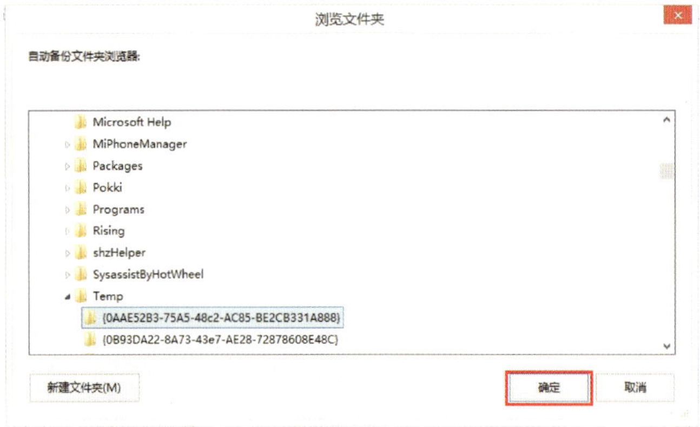

图 1–13　恢复自动备份文档

第五节　页面的设置

在开始绘图之前，可以精确设置所需的页面，使用【布局】菜单中的相关命令，可以调整绘图页面的参数值，包括页面尺寸、方向以及版面，并且可以为页面选择一个背景。

一、页面设置

在实际绘图工作中，用户所编辑的绘图文件常常具有不同的尺寸要求，这时，就需要自定义页面设置。CorelDRAW X8 应用程序提供了多种设置页面大小、方向的操作方法。

在绘图文件中没有选中任何对象的情况下，可以在属性栏中对页面大小进行调整，如图 1–14 所示。

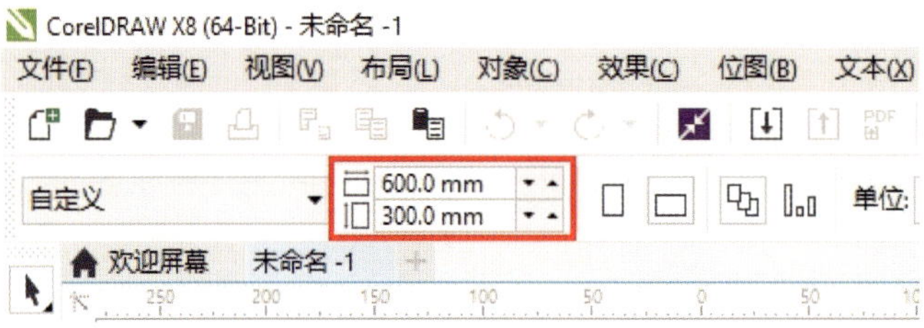

图 1–14　调整页面大小

在工作区中的绘图页面阴影上双击鼠标左键，或选择【布局】|【页面设置】命令，打开如图 1–15 所示的【选项】对话框，就可对当前页面的方向、尺寸大小、分辨率、出血范围等属性进行设置。设置完毕后单击【确定】按钮，即可对当前文件中的页面进行调整。

在 CorelDRAW X8 应用程序中，设置页面尺寸的步骤如下。

（1）启动 CorelDRAW X8 应用程序，在【欢迎屏幕】窗口中单击【新建文档】选项，打开【创建新文档】对话框。在对话框的【名称】文本框中输入“绘图文件”，设置【宽度】数值为“50.0mm”、【高度】数值为“50.0mm”、【渲染分辨率】数值为“300dpi”，然后单击【确定】按钮，即可创建新文件，如图 1–16 所示。

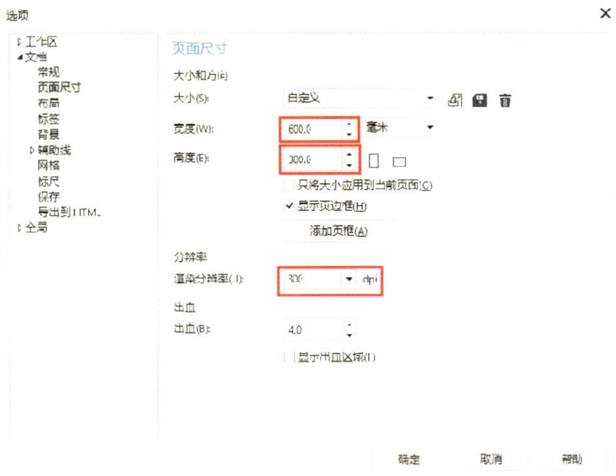

图 1–15　页面尺寸设置

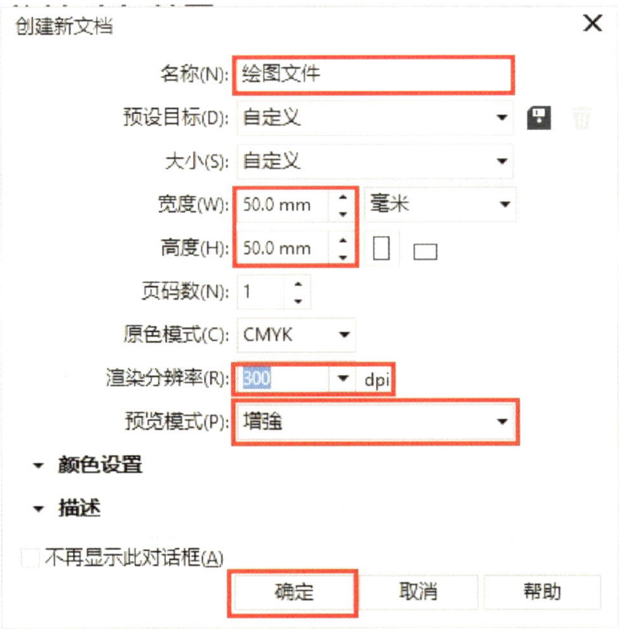

图 1–16　创建新文件

（2）选择菜单栏中的【布局】|【页面设置】命令，打开【选项】对话框。设置【宽度】数值为“100.0”，选中【横向】单选按钮，设置【出血】数值为“3.0”，并选中【显示出血区域】复选框，如图 1–17 所示。

（3）单击【选项】对话框中的【保存】按钮，打开【自定义页面类型】对话框。在【另存自定义页面类型为】文本框中输入“横向卡片”，然后单击【确定】按钮添加自定义预设页面尺寸，如图 1–18 所示。

（4）单击【选项】对话框中的【确定】按钮应用设置的页面尺寸。

在选中的【选择】工具并未选中任何对象的情况下，还可以通过单击属性栏上【页面大小】列表框底部的【编辑该列表】选项打开【选项】对话框来添加或删除自定义预设页面尺寸。

图 1-17　页面设置

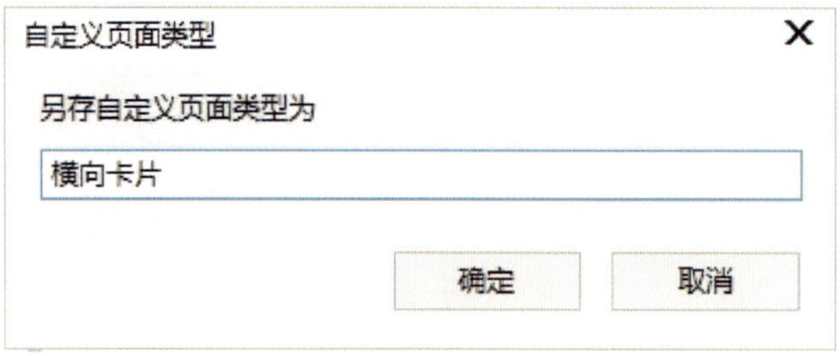

图 1-18　添加自定义预设页面尺寸

二、选择页面背景

页面背景是指添加到页面中的背景颜色或图像。在 CorelDRAW X8 中，页面背景可以设置为纯色，也可以是位图图像，并且在添加页面背景后，不会影响图形绘制的操作。通常，新建文档的页面背景默认为【无背景】。要设置页面背景，选择【布局】|【页面背景】命令，打开【选项】对话框，即可在其中对页面背景进行设置。选中【选项】对话框中的【打印和导出背景】复选框，还可以将背景与绘图一起打印和导出。

1. 使用纯色页面背景

如果要以一个单色作为页面背景，选择【布局】|【页面背景】命令，打开【选项】对话框，在对话框中，选中【纯色】单选按钮，然后单击右侧的 按钮，从弹出的下拉选项框中通过【颜色滴管】、【颜色滑块】、【颜色查看器】或【调色板】选取所需的颜色，如图 1-19 所示。

单击下拉选项框中的【更多颜色选项】按钮 ，从弹出的菜单中可以进行相关设置，选取的背景颜色不同，弹出的菜单命令也不相同，如图 1-20 所示。

2. 使用位图页面背景

如果要使用位图作为背景，选择【布局】|【背景】命令，打开【选项】对话框，在对话框中，选中【位图】单选按钮，然后单击右侧的【浏览】按钮，在打开的【导入】对话框中选取要导入的位图文件，单击【导入】按钮，如图 1-21 所示。

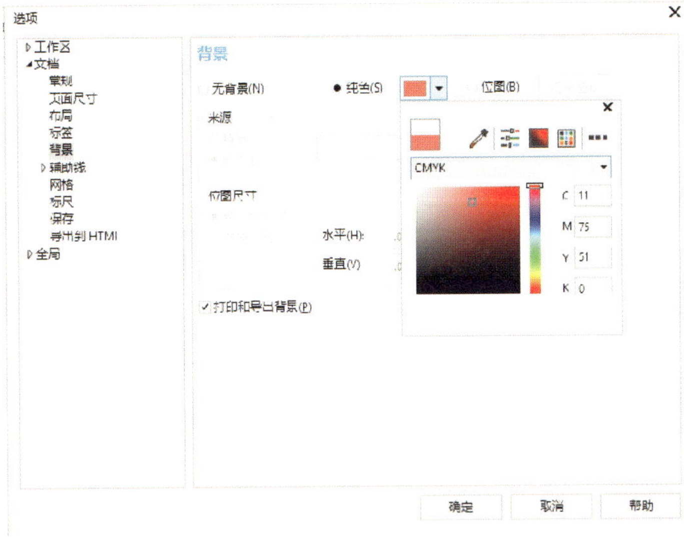

图 1-19　使用纯色背景

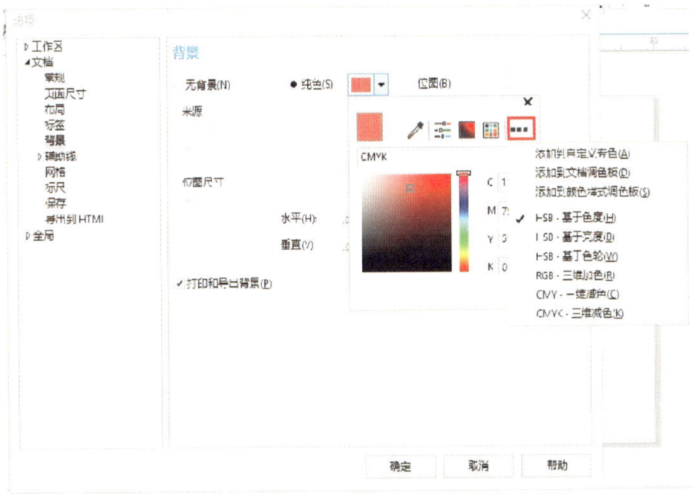

图 1-20　设置颜色对话框

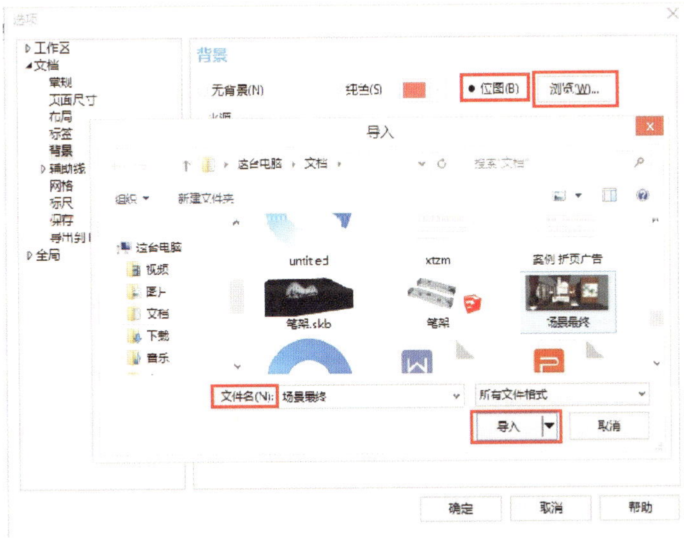

图 1-21　导入位图

用位图创建背景时，可以指定位图的尺寸并将图形链接或嵌入到文件中。将图形链接到文件中时，对源图形所做的任何修改都将自动在文件中反映出来，而嵌入的对象则保持不变。在将文件发送给其他人时必须包括链接的图形。如果需要链接或嵌入位图背景，在【来源】选项区域中，选中【链接】单选按钮可以从外部链接位图；选中【嵌入】单选按钮，可以直接将位图添加到文档中，如图 1-22 所示。

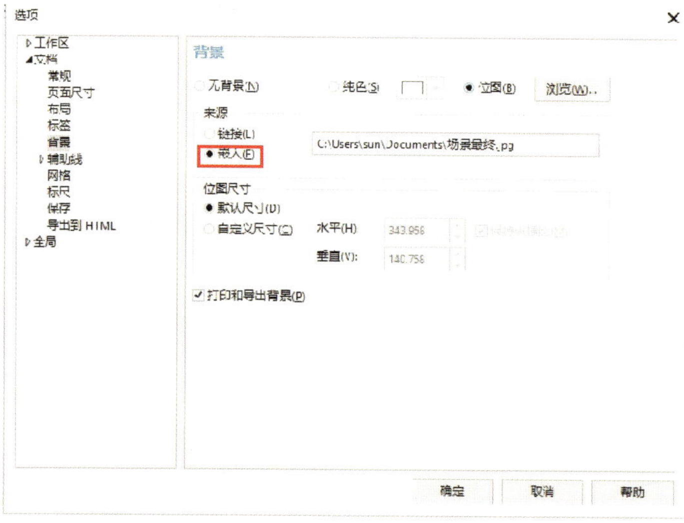

图 1-22　创建背景

在【位图尺寸】选项区域中，选中【自定义尺寸】单选按钮，可以改变位图背景的大小。选中【保持纵横比】复选框，可以保持位图的水平和垂直比例。禁用该项时，可以指定不成比例的高度和宽度值，在【水平】和【垂直】数值框中输入具体的值以指定背景的宽度，如图 1-23 所示。

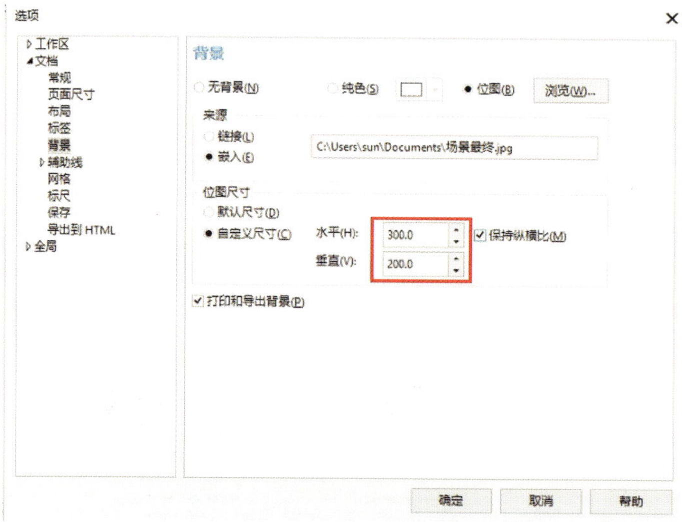

图 1-23　改变位图背景大小

在 CorelDRAW X8 应用程序中，使用位图页面背景步骤如下。

（1）在 CorelDRAW X8 应用程序中，选择【文件】|【打开】命令，打开【打开绘图】

对话框。打开一幅绘图文件，如图 1–24 所示。

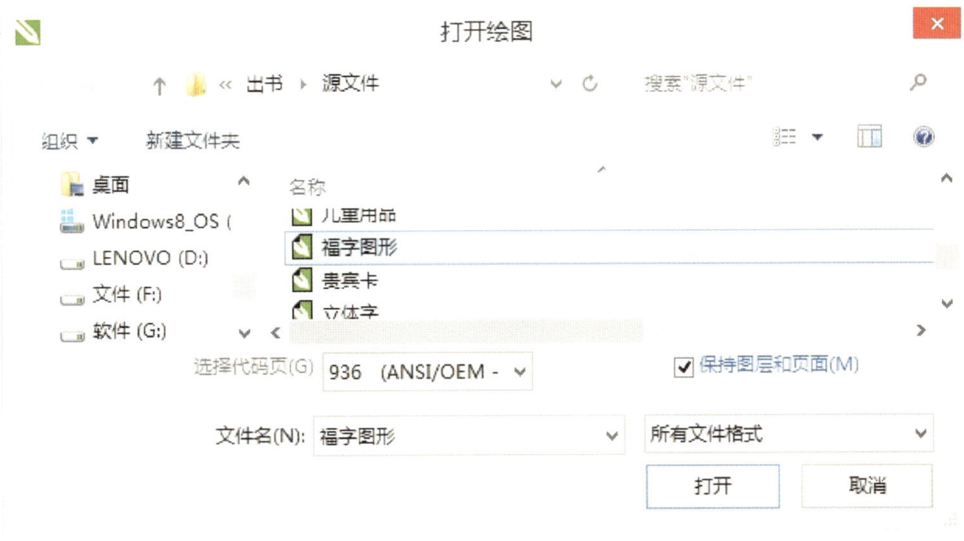

图 1–24　打开绘图文件

（2）选择【布局】|【页面背景】命令，打开【选项】对话框。在对话框中，选中【位图】单选按钮，再单击【浏览】按钮，如图 1–25 所示。在打开的【导入】对话框中，选择作为背景的位图文件，如图 1–26 所示，单击【导入】按钮。

图 1–25　导入文件

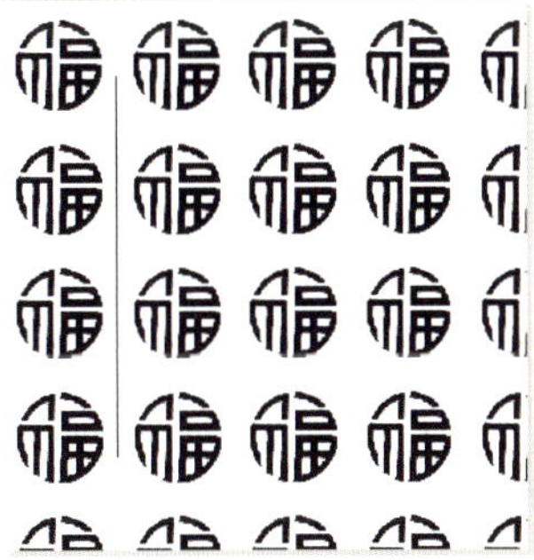

图 1–26　背景图

（3）在【选项】对话框中，选中【自定义尺寸】单选按钮，取消选中【保持纵横比】复选框，设置【水平】数值为“297”，【垂直】数值为“210”，单击【选项】对话框中的【确定】按钮应用位图背景，如图 1–27 所示。

3. 删除页面背景

选择菜单栏中的【布局】|【页面背景】命令，打开【选项】对话框。在该对话框中，选中【无背景】单选按钮可以快速移除页面背景。当启用该按钮时，绘图页面恢复到原来的状态，不会影响绘图的其余部分。

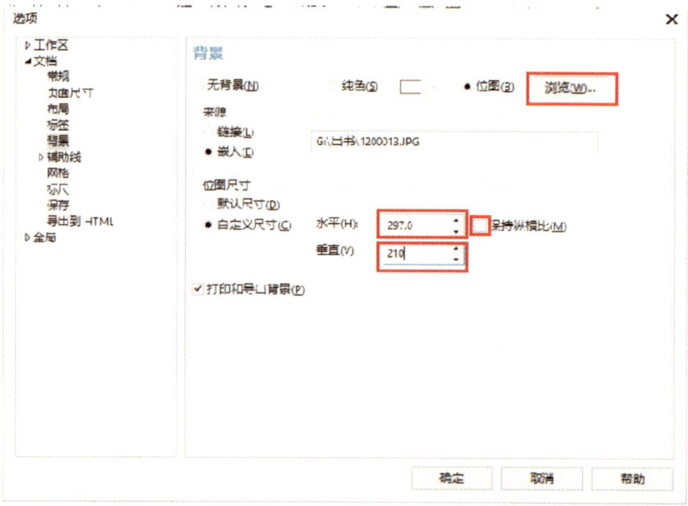

图 1-27　设置尺寸

三、设置版面样式

CorelDRAW X8 应用程序中还提供了标准出版物的版面。在【选项】对话框的【文档】类别列表中，单击【布局】选项，可以打开【布局】选项设置区域。在该选项设置区域中，CorelDRAW X8 提供了【全页面】、【活页】、【屏风卡】、【帐篷卡】、【侧折卡】、【顶折卡】和【三折小册子】7 种页面版式。用户选择所需的版式类型后，其下方会显示简短的说明文字，如图 1-28 所示。

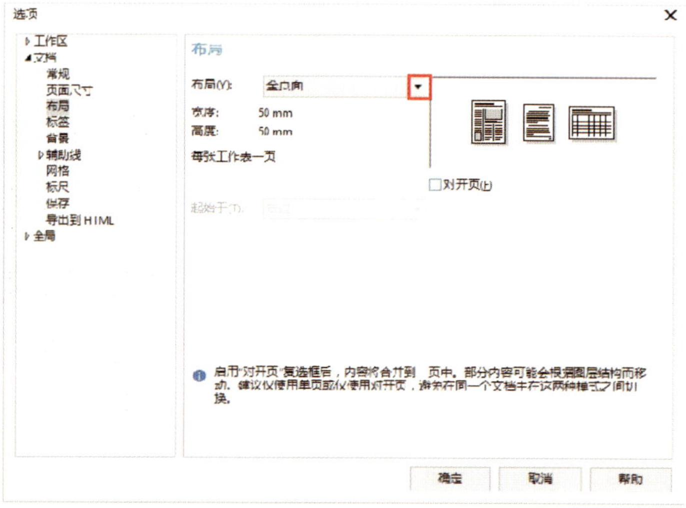

图 1-28　设置版面样式

四、编辑页面

CorelDRAW X8 支持在一个文件中创建多个页面，在不同的页面中可以进行不同的图形绘制与处理。

1. 添加页面

默认状态下，新建的文件中只有一个页面，通过插入页面，可以在当前文件中插入一个或多个新的页面。要插入页面，可以通过以下操作来实现。

选择【布局】|【插入页面】命令，在打开的【插入页面】对话框中，可以对需要插入的页面数量、插入位置、版面方向以及页面大小等参数进行设置。设置完毕以后，单击【确定】按钮即可。

在页面左下方的标签栏上，单击页面信息左边的 按钮，可在当前页面之前插入一个新的页面；单击右边的 按钮，可在当前页面之后插入个新的页面，如图 1–29 所示。插入的页面具有和当前页面相同的页面设置。

图 1–29　单击按钮插入新页面

在页面标签栏的页面名称上右击，弹出【插入页面】对话框，设置【地点】为【之前】或【之后】命令，同样也可以在当前页面之前或之后插入新的页面，如图 1–30 所示。

在打开的绘图文件中，根据需要插入页面。

（1）在 CorelDRAW X8 中，选择【文件】|【打开】命令，打开绘图文档，如图 1–31 所示。

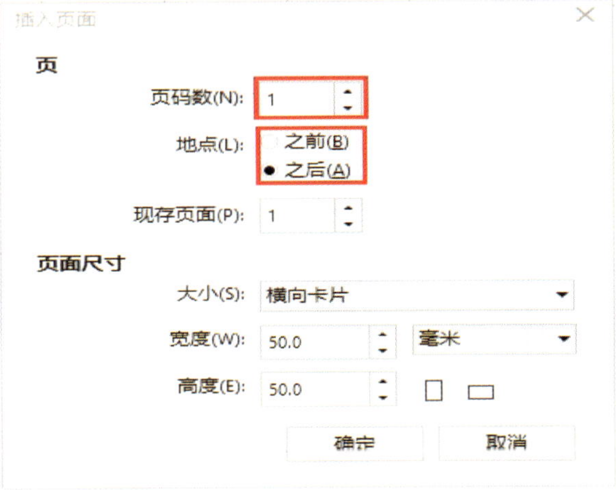

图 1–30　在菜单中选择插入页面

（2）选择【布局】|【插入页面】命令，打开【插入页面】对话框。设置【页码数】为“2”，【宽度】数值为“50.0”，然后单击【确定】按钮，即可在原有页面后添加 2 页，如图 1–32 所示。

（3）选择【视图】|【页面排序器视图】命令，打开页面排序器视图以查看绘图文件中的各页面，如图 1–33 所示。

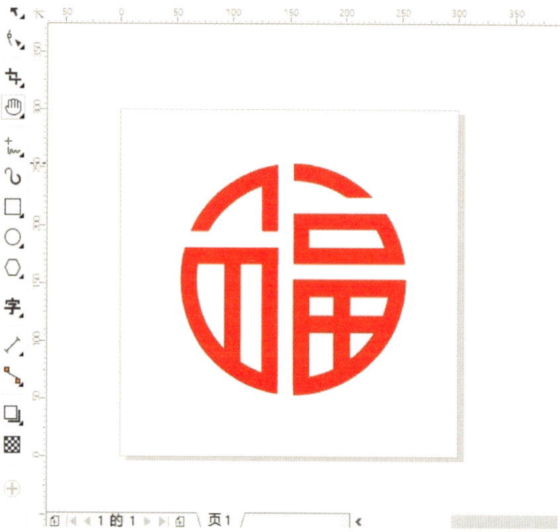

图 1-31　绘图文档

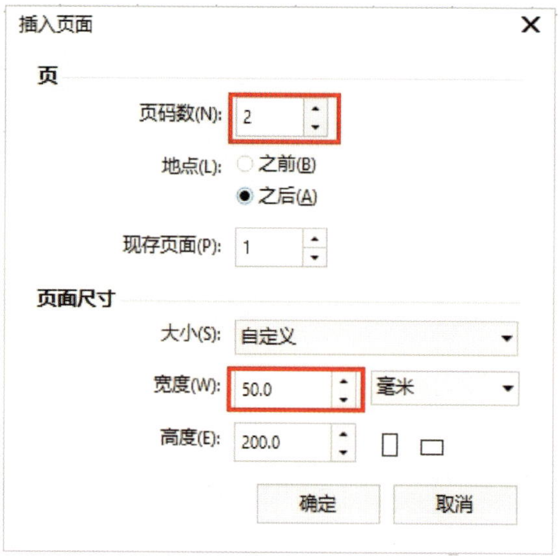

图 1-32　设置参数

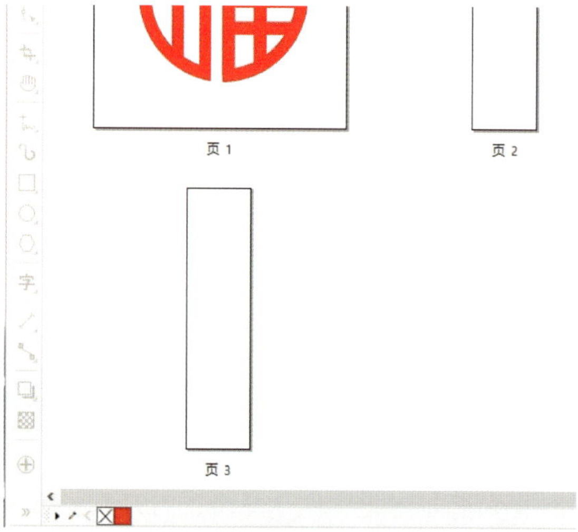

图 1-33　查看绘图文件页面

2. 再制页面

通过再制页面，可以对当前页进行复制，得到一个相同页面设置或相同页面内容的新页面。在【对象管理器】泊坞窗中单击再制页面的名称后，选择【布局】|【再制页面】命令打开如图 1–34 所示的【再制页面】对话框。在对话框中可以选择复制得到的新页面是插入在当前页面之前还是当前页面之后。选中【仅复制图层】单选按钮，则在新页面中将只保留原页面中的图层属性（包括图层数量和图层名称）；选中【复制图层及其内容】单选按钮，则可以得到一个和原页面内容完全相同的新页面。在对话框中选择相应选项，然后单击【确定】按钮即可再制页面。用户也可以将鼠标光标放置到标签栏中需要复制的页面上，点击鼠标右键，从弹出的菜单中选择【再制页面】命令。在打开的【再制页面】对话框中设置相关选项后，单击【确定】按钮即可。

3. 重命名页面

对页面重新命名可以快速、准确地查找到需要编辑与修改的页面。要重命名页面，可以在需要重命名的页面上单击，将其设置为当前页面，然后选择【布局】|【重命名页面】命令，打开【重命名页面】对话框，在【页名】文本框中输入新的页面名称，单击【确定】按钮即可，如图 1–35 所示。

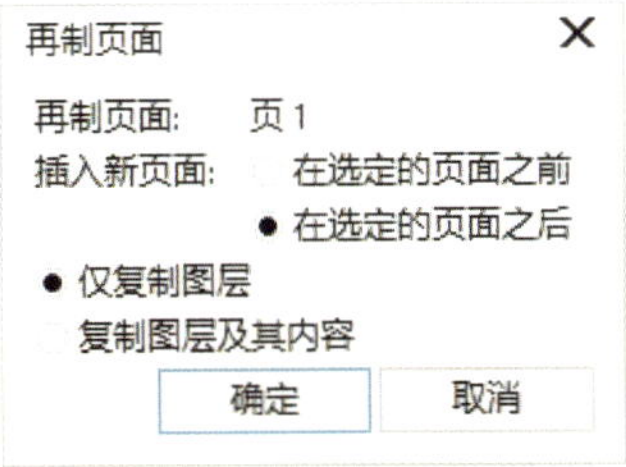

图 1–34 【再制页面】对话框

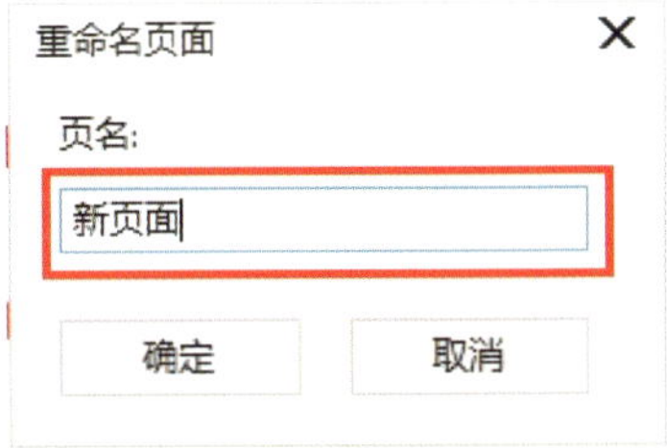

图 1–35 对页面重新命名

用户也可以将光标移动到页面标签栏中需要重命名的页面上，点击鼠标右键，在弹出的菜单中选择【重命名页面】命令，然后进行下一步操作。

4. 删除页面

在 CorelDRAW X8 中进行绘图编辑时，如果需要将多余的页面删除，可以选择【布局】|【删除页面】命令，打开如图 1–36 所示的【删除页面】对话框。在对

小贴士

删除多个连续页面

在【删除页面】对话框中，选中【通到页面】复选框，并在其后的数值框中输入页面序号，可以删除多个连续的页面。

话框的【删除页面】数值框中输入所要删除的页面序号，单击【确定】按钮即可。

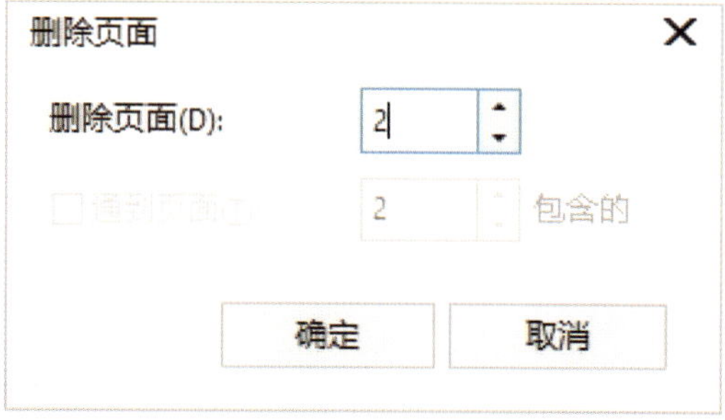

图 1-36 【删除页面】对话框

用户也可以在需要删除的页面点击鼠标右键，在弹出的菜单中选择【删除页面】命令，即可直接将该页面删除，如图 1-37 所示。

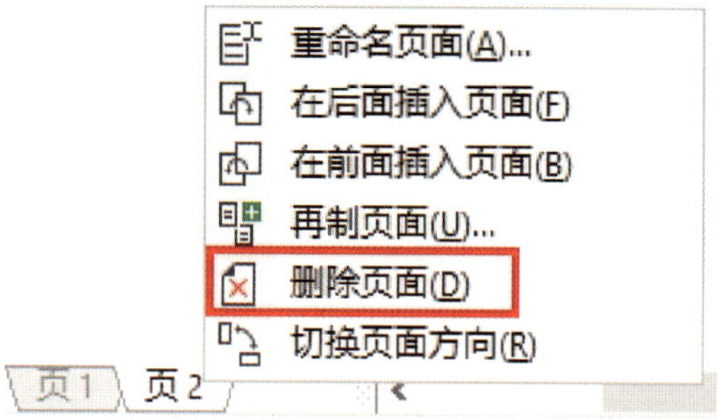

图 1-37 【删除页面】命令

五、插入页码

用户可以在当前页面、所有页面、所有奇数页面或所有偶数页面上插入页码，页码在页面底部居中放置。在多个页面上插入页码时，系统将自动创建主图层并在该图层上放置页码。主图层可以是所有页主图层、奇数页主图层或偶数页主图层。当在文档中添加或删除页面时，页码将自动更新。

1. 插入页码

选择【布局】|【插入页码】命令子菜单中的相应命令，即可插入页码，如图 1-38 所示。

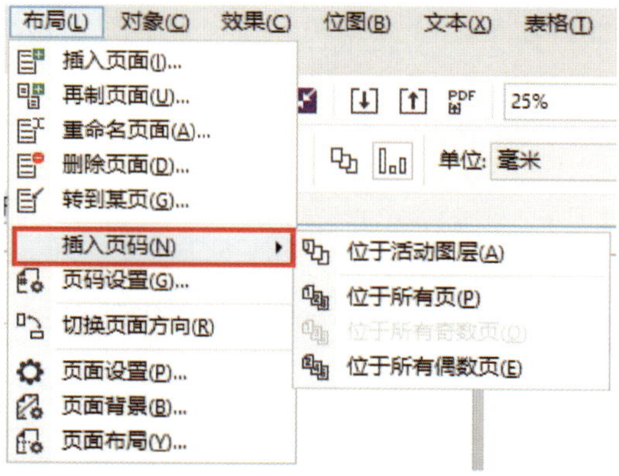

图 1-38 插入页码

小贴士

插入页码原则

只有在当前页面为奇数页时，才可以在奇数页上插入页码，且只有在当前页面为偶数页时，才可以在偶数页上插入页码。

【插入页码】子菜单中各命令的功能如下。

【位于活动图层】：可以在当前【对象管理器】泊坞窗中选定的图层上插入页码。如果活动图层为主图层，那么页码将插入文档中显示该主图层的所有页面。如果活动图层为局部图层，那么页码将仅插入当前页。

【位于所有页】：可以在所有页面上插入页码。页码插入新的所有页主图层，而且该图层将成为活动图层。

【位于所有奇数页】：可以在所有奇数页上插入页码。页码插入新的奇数页主图层，而且该图层将成为活动图层。

【位于所有偶数页】：可以在所有偶数页上插入页码。页码插入新的偶数页主图层，而且该图层将成为活动图层。

2. 修改页码设置

在插入页码后，还可以修改页码设置以符合设计需求。选择【布局】|【页码设置】命令，打开如图 1–39 所示的【页码设置】对话框。

【页码设置】对话框中各选项的功能如下。

【起始编号】：可以从一个特定数字开始编号。

【起始页】：可以选择页码开始的页面。

【样式】：可以选择常用页码样式。

六、跳转页面

在进行多页面设计工作时，常常需要选择页面并调整页面之间的前后顺序。将需要编辑的页面切换为当前页面，可选择【布局】|【转到某页】命令，打开【转到某页】对话框。在【转到某页】数值框中输入需要选择的页面序号，单击【确定】按钮即可，如图 1–40 所示。

七、重新排列页面

要调整页面之间的前后顺序，在页面标签栏中需要调整顺序的页面名称上按下鼠标左键不放，然后将光标拖动到指定的位置后，释放鼠标即可，如图 1–41 所示。

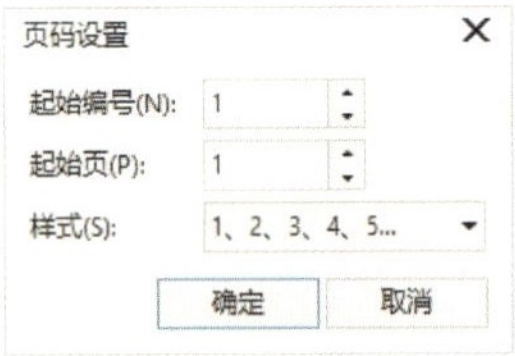

图 1-39 【页码设置】对话框

图 1-40 跳转页面

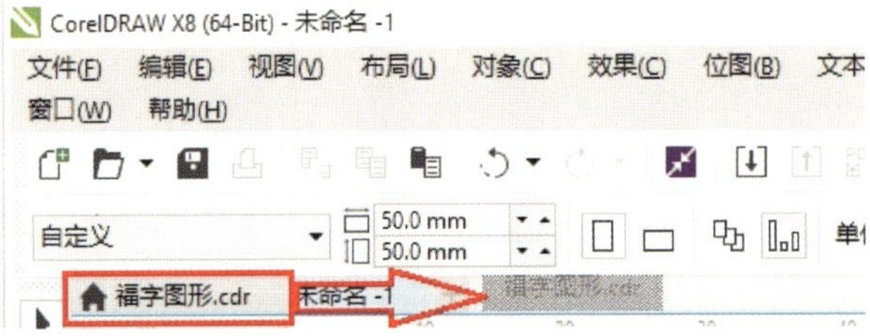

图 1-41 调整页面前后顺序

用户还可以选择菜单栏中的【视图】|【页面排序器视图】命令，这时将排列所创建的全部文档，只要单击并拖动一个页面，将它放置在一个新位置即可，如图 1-42 所示。

图 1-42 拖动页面排序

第六节 辅助工具的使用

使用网格、标尺及辅助线功能，可以精确绘图并排列对象。网格有助于精确绘制及捕捉对象。标尺则可以帮助用户了解对象在绘图窗口内的位置与尺寸。辅助线是可以加入绘图窗口的线条，可帮助捕捉对象。这些工具可以显示或隐藏，也可以根据需要重新设置。

一、使用标尺

标尺是放置在页面上用来测量对象大小、位置等的测量工具。使用标尺工具可以帮助用户准确地绘制、缩放和对齐对象。在默认状态下，标尺处于显示状态。为方便操作，用户可以设置是否显示标尺。选择【视图】|【标尺】命令，菜单中的【标尺】命令前显示复选标记 ✔ ，即说明标尺已显示在工作界面中，反之则标尺被隐藏。用户也可以通过单击标准工具栏中的【显示标尺】按钮 显示、隐藏标尺。

1. 标尺的设置

用户可以根据绘图的需要，对标尺显示的单位、原点、刻度记号等进行设置。选择【工具】|【选项】命令或双击标尺，打开【选项】对话框。在对话框中，选择左侧列表中【文档】|【标尺】选项，在右侧显示如图 1–43 所示的标尺设置选项，各选项的功能如下。

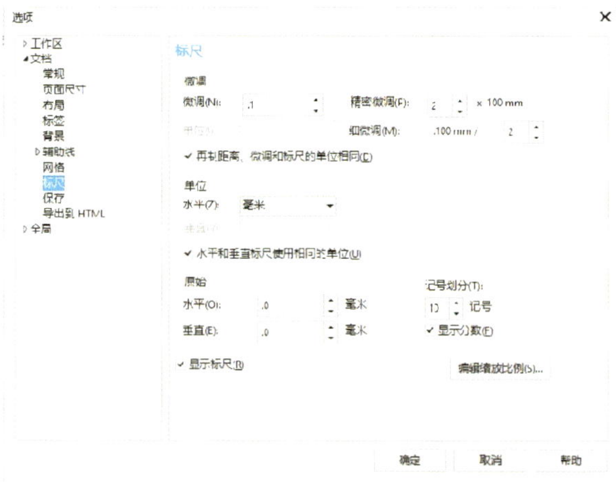

图 1–43　标尺的设置

【单位】：在下拉列表中可选择一种测量单位，默认的单位是【英寸】。

【原始】：在【水平】和【垂直】数值框中输入精确的数值，以自定义坐标原点的位置。

【记号划分】：在数值框中输入数值来修改标尺的刻度记号。输入的数值决定每一段数值之间刻度的数量。CoreDRAW X8 中的刻度记号数量最多为 20，最少为 2。

【编辑缩放比例】：单击该按钮，将弹出【绘图比例】对话框，在该对话框的【典型比例】下拉列表中，可选择不同的刻度比例，如图 1–44 所示。

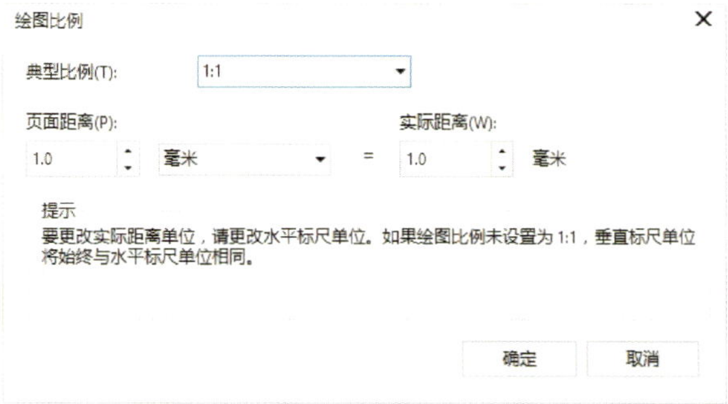

图 1–44　选择刻度比例

2. 调整标尺

在 CorelDRAW X8 中，用户可以根据需要调整标尺在工作区中的位置。只用按住【Shift 键】，在所需标尺上点击鼠标并拖动其至工作区中所需的位置释放即可。如果想要同时移动两个标尺，可以按住【Shift 键】在两个标尺相交点位置处点击鼠标左键并拖动至合适位置释放鼠标，如图 1–45 所示。要想将标尺还原至默认位置，按住【Shift 键】在标尺上双击即可。

图 1–45　调整标尺的位置

为了方便对图形进行测量，可以将标尺的原点调整到所需要的位置。将光标移至水平与垂直标尺按钮 上，按住鼠标左键不放，将原点拖至绘图窗口中，这时会出现两条垂直相交的虚线，拖动原点到需要的位置后释放鼠标，此时原点就被设置到这个位置。双击标尺原点按钮 ，可以恢复标尺原点默认状态。

二、设置网格

网格是由均匀分布的水平线和垂直线组成的，使用网格可以在绘图窗口中精确地对齐和定位对象。用户通过指定频率或间隔可以设置网格线或点之间的距离，从而使定位更加精确。

1. 显示和隐藏网格

默认状态下，网格处于隐藏状态。用户可以通过单击标准工具栏中的【显示网格】按钮 显示、隐藏网格，还可以根据绘图需要自定义网格的频率和间隔显示。

在绘图文档中，设置显示与设置网格步骤如下。

（1）在工作区中的页面边缘的阴影上双击鼠标左键，打开【选项】对话框。在对话框左侧列表中选择【文档】|【辅助线】|【网格】选项，如图 1–46 所示。

（2）默认状态下，【显示网格】复选框处于未选中状态，此时在工作区中不会显示网格。若要显示网格，只要选中该复选框即可。在【文档网格】选项区右侧的下拉列表中选择【文档网格】，在【水平】和【垂直】数值框中输入相应的数值“5.0”，所有的选项设置完毕后，单击【确定】按钮即可，如图 1–47 所示。

图 1–46 选择【网格】选项

图 1–47 设置【网格】数值

2. 贴齐网格

要设置对齐网格功能，应单击标准工具栏中的【贴齐】按钮，从弹出的下拉列表中选择【文档网格】、【像素网格】或【基线网格】选项，或者选择【视图】|【贴齐】|【文档网格】、【像素网格】或【基线网格】命令即可。打开对齐网格功能后，移动选定的图形对象时，系统会自动将对象中的节点按格点对齐。

三、设置辅助线

辅助线是设置在页面上用来帮助用户准确定位对象的虚线。它可以帮助用户快捷、准确地调整对象的位置以及对齐对象等。辅助线可以放置在绘图窗口中的任意位置，可以设置水平、垂直和倾斜 3 种形式的辅助线。在输出文件时，辅助线不会和文件一起打印出来，但会同文件一起保存。

1. 显示和隐藏辅助线

用户可以设置是否显示辅助线。选择【视图】|【辅助线】命令，【辅助线】命令前显示复选标记 ✔，即添加的辅助线显示在绘图窗口中，否则将被隐藏。用户也可以通过单击标准工具栏中的【显示辅助线】按钮 显示、隐藏辅助线。选择【工具】|【选项】命令，或单击工具栏中的【选项】按钮 ，在弹出的如图 1–48 所示的【选项】对话框中的左侧列表中选择【文档】|【辅助线】选项，在右侧显示的页面中选中【显示辅助线】复选框，即可在页面中显示辅助线。

图 1–48　显示和隐藏辅助线

【显示辅助线】：用于设置隐藏或显示辅助线。

【贴齐辅助线】：选中该复选框后，在页面中移动对象时，对象将自动向辅助线靠齐。

【默认辅助线颜色】和【默认预设辅助线颜色】：在对应的下拉列表框中选择需要的颜色，修改辅助线和预设辅助线在绘图窗口中显示的颜色。

2. 创建辅助线

用户可以设置水平、垂直和倾斜的辅助线，也可以在页面中对其进行顺时针或逆时针方向旋转、锁定和删除等操作。将光标移动到水平或垂直标尺上，按下鼠标左键并向绘图页面中拖动，拖动到需要的位置后释放鼠标，即可创建辅助线，如图 1–49 所示。另外，通过【选项】对话框，还可以精确地添加辅助线以及设置对齐属性。

选择【窗口】|【泊坞窗】|【辅助线】命令，打开如图 1–50 所示的【辅助线】泊坞窗。在泊坞窗中可以设置显示、隐藏、创建、编辑、锁定、删除辅助线。

【辅助线样式】：可以选择辅助线显示样式，如图 1–51 所示。

【辅助线类型】：可以选择创建水平、垂直或角度辅助线，如图 1–52 所示。

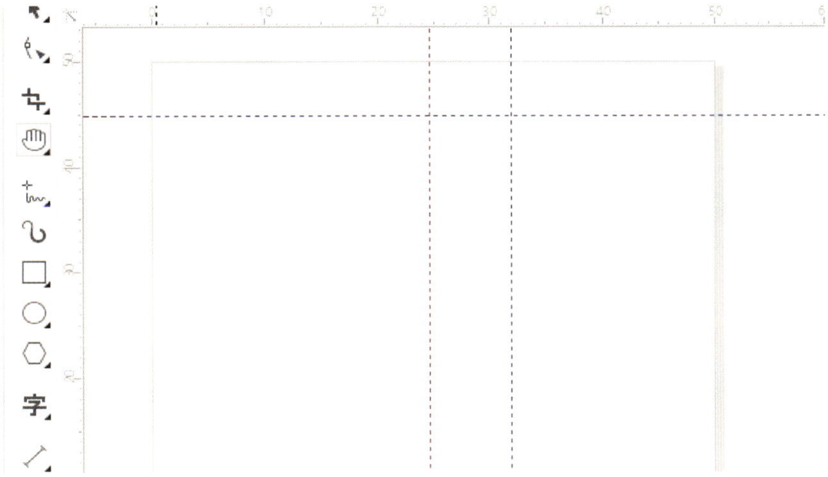

图 1-49　创建辅助线

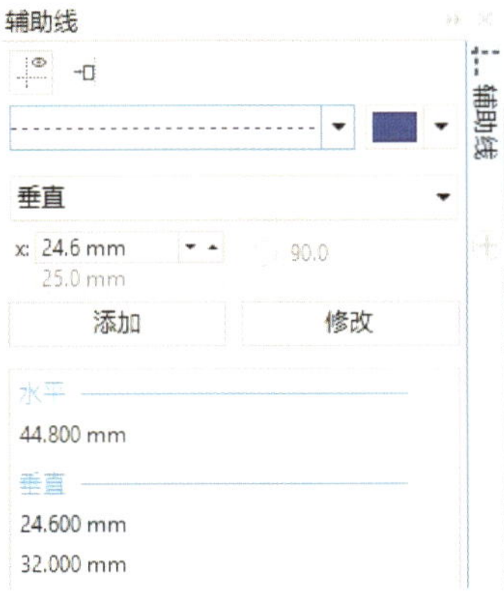

图 1-50　【辅助线】泊坞窗

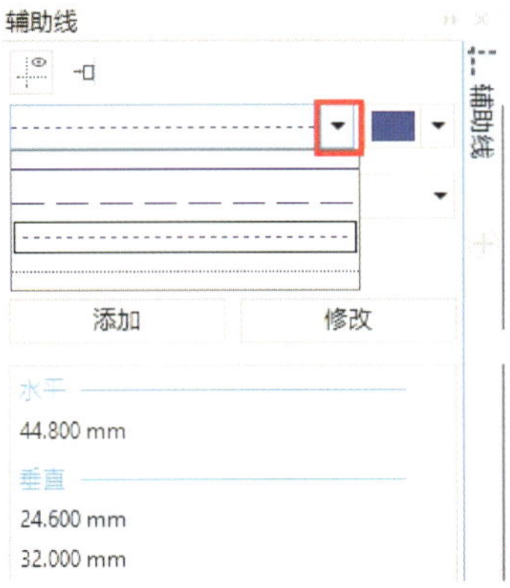

图 1-51　辅助线样式

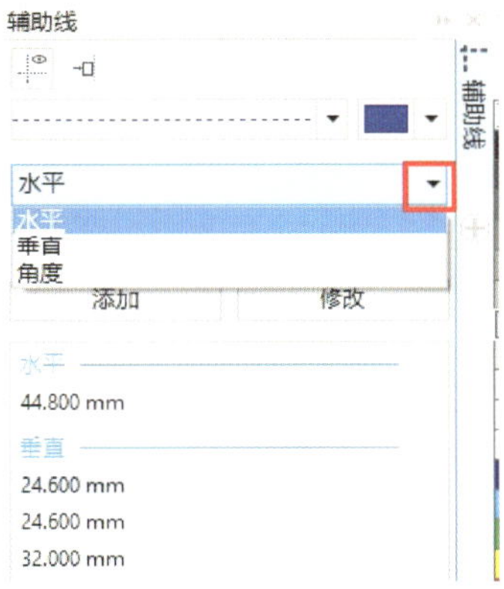

图 1-52　辅助线类型

【辅助线颜色】：单击该选项，在弹出的下拉面板中可以选择创建辅助线的颜色，如图 1–53 所示。

在 CorelDRAW X8 应用程序中，精确添加辅助线。

（1）在 CorelDRAW X8 中，选择【文件】|【打开】命令打开绘图文档，并选择【窗口】|【泊坞窗】|【辅助线】命令，打开【辅助线】泊坞窗，如图 1–54 所示。

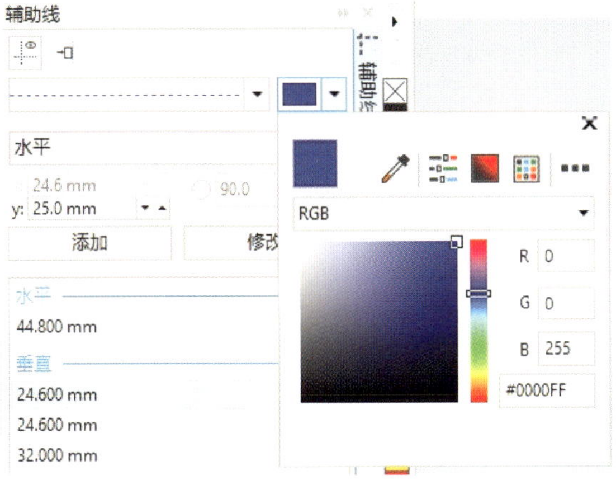

图 1-53　选择颜色

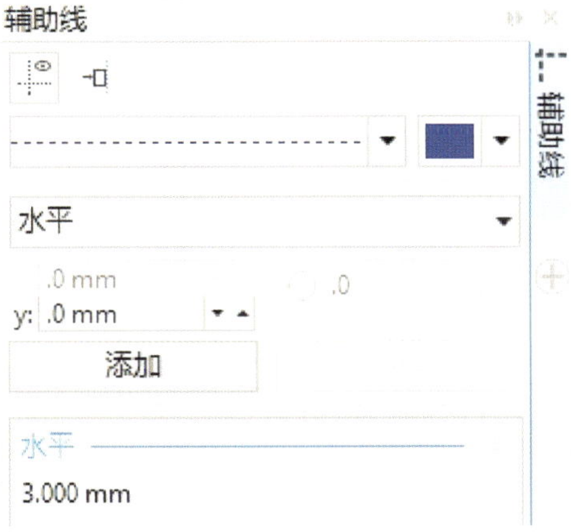

图 1-54　【辅助线】泊坞窗

（2）在【辅助线】泊坞窗中，设置【y】为“3.0mm”，再单击【添加】按钮添加水平辅助线，如图 1-55 所示。

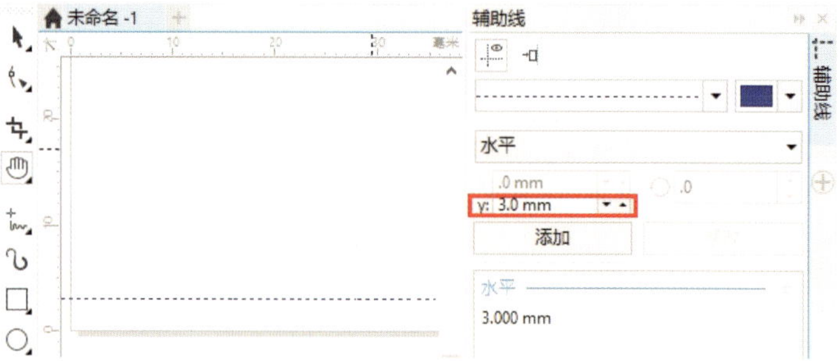

图 1-55　添加水平辅助线

（3）在【辅助线】泊坞窗中，单击【辅助线类型】下拉列表，从中选择【垂直】选项。设置【x】为“3.0mm”，再单击【添加】按钮添加垂直辅助线，如图 1-56 所示。

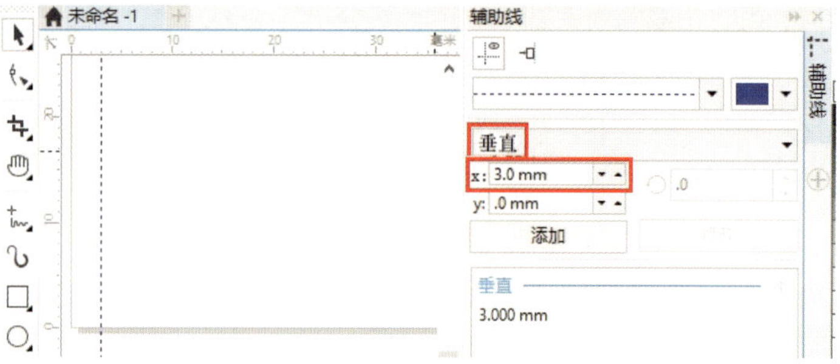

图 1-56　添加垂直辅助线

（4）在【辅助线】泊坞窗中，单击【辅助线类型】下拉列表，从中选择【角度】选项。设置【旋转角度】为“35.0”，再单击【添加】按钮添加辅助线，如图 1-57 所示。

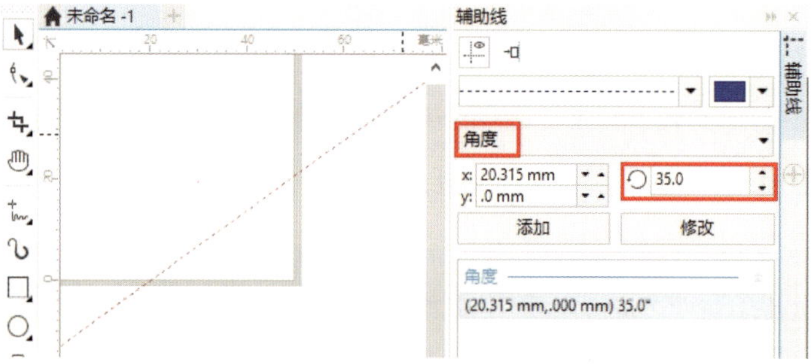

图 1-57　添加角度辅助线

3. 预设辅助线

预设辅助线是 CorelDRAW X8 应用程序为用户提供的一些辅助线设置样式，其中包括【Corel 预设】和【用户定义预设】两个选项。在【选项】对话框中选择【辅助线】|【预设】选项。默认状态下，系统会选中【Corel 预设】单选按钮，其中包括【一厘米页边距】、【出血区域】、【页边框】、【可打印区域】、【三栏通讯】、【基本网格】和【左上网格】预设辅助线选项。选择好需要的选项后，单击【确定】按钮即可，如图 1-58 所示。

图 1-58　Corel 预设辅助线

在【预设】选项页面中，选中【用户定义预设】单选按钮后，对话框设置选项如图 1-59 所示。

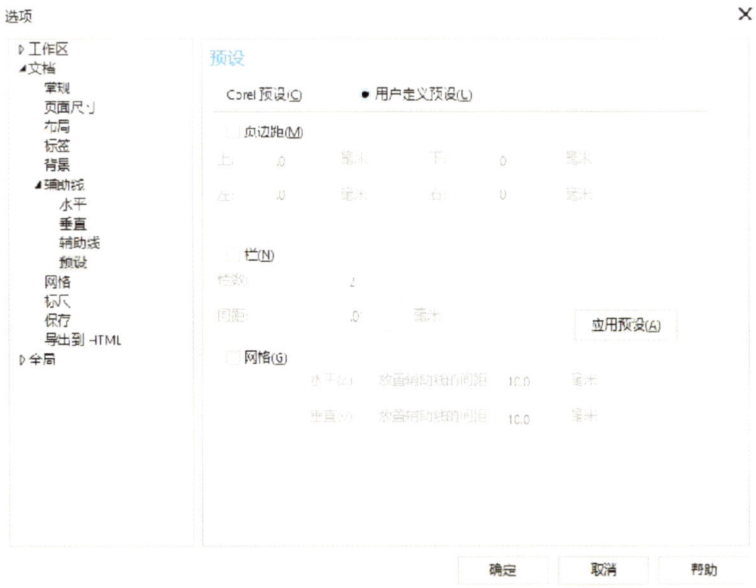

图 1-59　用户定义预设辅助线

（1）【页边距】：辅助线离页面边缘的距离。选中该复选框，在【上】、【左】旁边的数值框中输入页边距的数值，则【下】、【右】旁边的数值框中输入相同的数值。取消选中【镜像页边距】复选框，可以输入不同的页边距数值。

（2）【栏】：指将页面垂直分栏。【栏数】是指页面被划分成栏的数量；【间距】是指每两栏之间的距离。

（3）【网格】：在页面中，水平和垂直辅助线相交形成网格的形式，可通过【频率】

和【间隔】来修改网格设置。

在【选项】对话框中选择【辅助线】|【辅助线】选项，其右侧的【指定】下拉列表的【2点】选项用于指定要连成一条辅助线的两个点的坐标数值；【角度和 1 点】选项用于指定某个点和角度，创建的辅助线将以指定的角度穿过该点。

4. 辅助线的使用

辅助线的使用技巧包括辅助线的选择、旋转、锁定以及删除等。各项技巧的具体使用方法如下。

选择单条辅助线：使用【选择】工具单击辅助线，则该条辅助线呈红色被选中状态。

选择所有辅助线：选择【编辑】|【全选】|【辅助线】命令，则全部的辅助线呈红色被选中状态。

旋转辅助线：使用【选择】工具单击两次辅助线，当显示倾斜手柄时，将鼠标移动到倾斜手柄上按下左键不放，拖动鼠标即可对辅助线进行旋转，如图 1-60 所示。

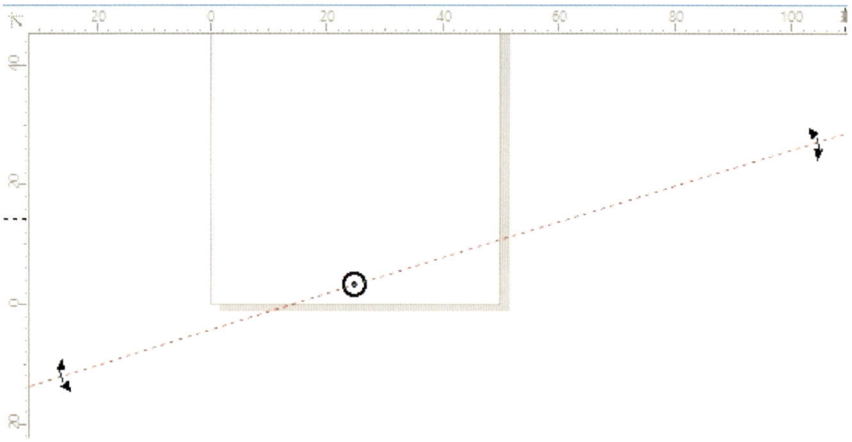

图 1-60　旋转辅助线

贴齐辅助线：为了在绘图过程中对图形进行更加精准的操作，可以选择【视图】|【对齐辅助线】命令，或者单击标准工具栏中的【贴齐】按钮，从弹出的下拉列表中选中【辅助线】复选框，来开启对齐辅助线功能，如图 1-61 所示。打开对齐辅助线功能，移动选定的对象时，图形对象中的节点将向距离最近的辅助线及其交叉点靠拢对齐。

锁定辅助线：选取辅助线后，选择【对象】|【锁定】|【锁定对象】命令，或单击属性栏或泊坞窗中的【锁定辅助线】按钮 ，该辅助线即被锁定，这时将不能对它进行移动、删除等操作。

解锁辅助线：将光标对准锁定的辅助线，右击鼠标，在弹出的命令菜单中选择【解除锁定对象】命令即可。

删除辅助线：选择辅助线，然后点击【Delete 键】即可。

删除预设辅助线：在【选项】对话框中选择【辅助线】|【预设】选项，然后取消预设辅助线旁复选框的选中状态即可。

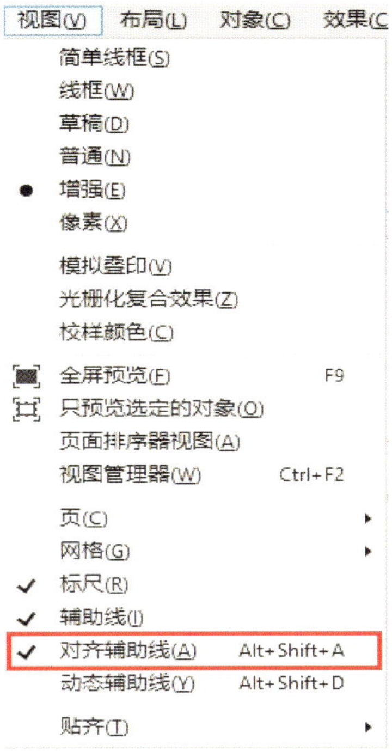

图 1–61　对齐辅助线

第七节　设置视图显示

在 CorelDRAW X8 应用程序中，用户可以根据需要进行选择文档的显示模式、预览文档、缩放和平移画面等操作。

一、视图显示模式

CorelDRAW X8 为用户提供了多种视图显示模式，用户可以在绘图过程中根据实际情况进行选择。这些视图显示模式包括【简单线框】、【线框】、【草稿】、【普通】、【增强】和【像素】模式。单击【视图】菜单，即可查看和选择视图的显示模式。

【简单线框】：该模式只显示矢量图形的外框线，不显示绘图中的填充、立体化、调和等操作效果，位图显示为灰度图。

【线框】：该模式下的显示结果与【简单线框】显示模式类似，只是对所有变形对象（渐变、立体化、轮廓效果）显示中间生成图形的轮廓，如图 1–62 所示。

【草稿】：该模式以低分辨率显示所有图形对象，并可以显示标准的填充。其中，渐变填充以单色显示，花纹填充、材质填充及 PostScript 图案填充等均以一种基本图案显示，滤镜效果以普通色块显示，如图 1–63 所示。

【普通】：该模式可以显示除 PostScript 以外的所有填充以及高分辨率位图。它是最常用的显示模式，既能保证图形的显示质量，又不影响计算机显示和刷新图形的速度。

【增强】：该模式以高分辨率显示所有图形对象，并使图形平滑。该模式对设备性能要求很高，也是能显示PostScript图案填充的唯一视图，只适用于运行在高色彩画面上，是一个显示速度慢但质量最好的视图。

【像素】：该模式显示了基于像素的绘图，允许用户放大对象的某个区域来更准确地确定对象的位置和大小。该模式还可让用户查看导出为位图文件格式的绘图，如图1–64所示。

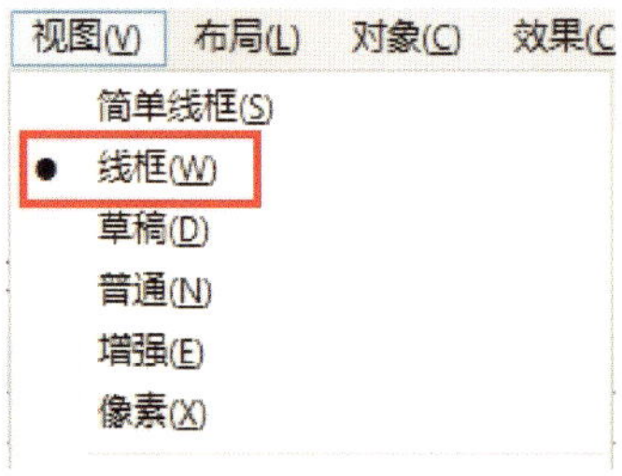

图1–62 【线框】模式

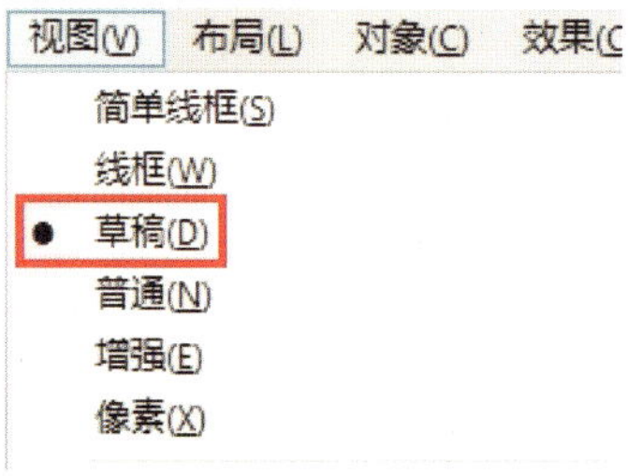

图1–63 【草稿】模式

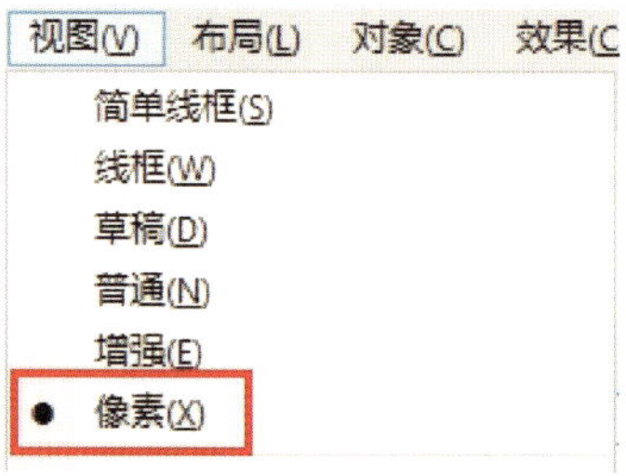

图1–64 【像素】模式

二、使用【缩放】工具

【缩放】工具 可以用来放大或缩小视图的显示比例，更方便用户对图形的局部进行浏览和编辑。使用【缩放】工具的操作方法有以下两种。

单击工具箱中的【缩放】工具按钮，当光标变为 形状时，在页面上单击，即可将页面逐级放大。

选中【缩放】工具，在页面上按下鼠标左键，拖动鼠标框选出需要放大显示的范围，释放鼠标后即可将框选范围内的视图放大显示，并最大限度地显示在整个工作区中，如图1–65所示。选择【缩放】工具后，在属性栏中会显示出该工具的相关选项。

单击【放大】按钮 ，会使视图放大两倍，点击鼠标右键会使视图缩小为原来的50%显示。

单击【缩小】按钮 或点击【F3键】，会使视图缩小为原来的50%显示。

单击【缩放选定对象】按钮 或点击【Shift + F2键】，会将选定的对象最大化显示在页面上。

单击【缩放全部对象】按钮 或点击【F4键】，会将对象全部缩放到页面上，点击鼠标右键会将其缩小为原来的50%显示。

单击【显示页面】按钮 或点击【Shift + F4键】，会将页面的宽和高最大化全部显示出来。

单击【按页宽显示】按钮 ，会最大化地按页面宽度显示，点击鼠标右键会将页面缩小为原来的50%显示。

单击【按页高显示】按钮 ，会最大化地按页面高度显示，点击鼠标右键会将页面缩小为原来的50%显示。

当页面显示超出当前工作区时，可以选择工具箱中的【平移】工具 观察页面中的其他部分。选择该工具后，在页面上单击并拖动即可移动页面，如图 1–66 所示。

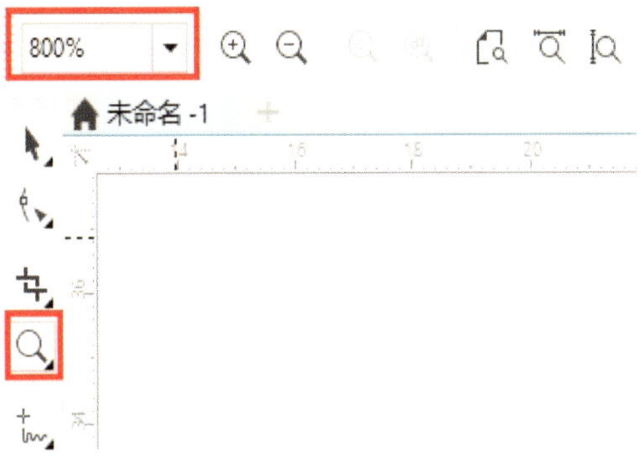

图 1–65 缩放视图

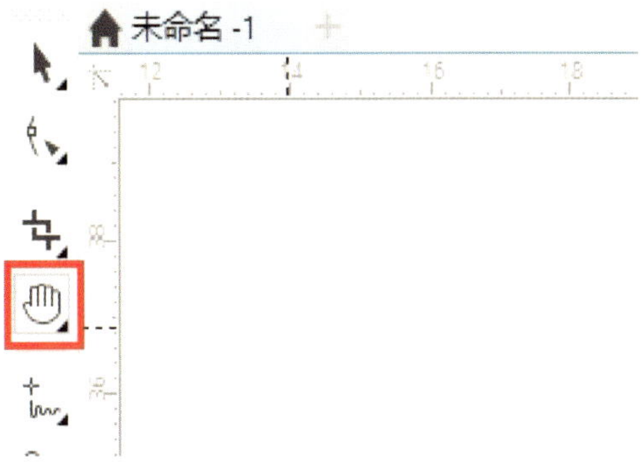

图 1–66 移动页面

在使用滚动鼠标中键进行视图缩放或平移时，如果滚动频率不太合适，可以选择【工具】|【选项】命令，打开【选项】对话框。然后在对话框左侧列表中选择【工作区】|【显示】选项，显示【显示】设置选项，接着调整【渐变步长预览】数值即可。

三、使用【视图管理器】泊坞窗

用户可以选择菜单栏中的【视图】|【视图管理器】命令，或选择【窗口】|【泊坞窗】|【视图管理器】命令，或点击【Ctrl + F2 键】，打开【视图管理器】泊坞窗，如图 1–67 所示。

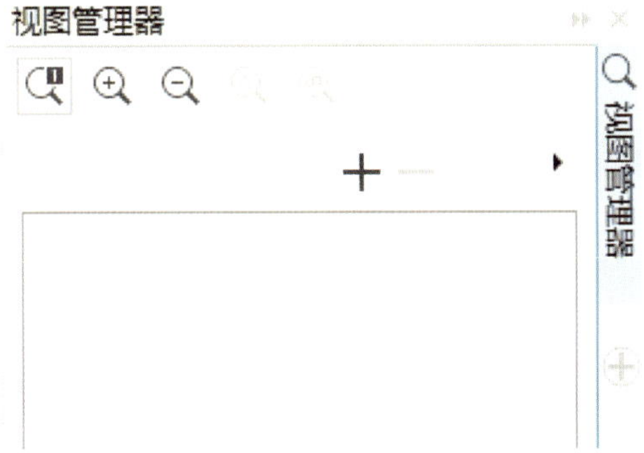

图 1–67 【视图管理器】泊坞窗

在【视图管理器】泊坞窗中，如果禁用泊坞窗上已保存视图旁边的【页面】图标，则当切换到该视图时，CorelDRAW 将只切换到缩放级别，而不切换到页面。同样，如果禁用放大镜图标，则 CorelDRAW 只切换到页面，而不切换到缩放级别。

【缩放一次】按钮：在按钮上左击鼠标或点击【F2 键】，鼠标即可转换为状态。此时单击可放大图像；右击鼠标可以缩小图像。

【放大】按钮和【缩小】按钮：单击这两个按钮，可以分别为对象执行放大或缩小显示操作。

【缩放选定对象】按钮：在选取对象后，单击该按钮或按【Shift + F2 键】，即可对选定对象进行缩放。

【缩放全部对象】按钮 ：单击该按钮或按【F4 键】，即可将全部对象缩放。

【添加当前视图】按钮 ：单击该按钮，即可将当前视图保存。

【删除当前视图】按钮 ：选中保存的视图后，单击该按钮，即可将其删除。

四、窗口操作

在 CorelDRAW X8 中进行设计时，为了观察一个文档的不同页面或同一页面中的不同部分，需要同时打开多个窗口。为此，可选择【窗口】菜单命令的适当选项来新建窗口或调整窗口的显示。

【新建窗口】：可创建一个和原有窗口相同的窗口。

【层叠】：可将多个绘图窗口按顺序层叠在一起，这样有利于用户从中选择需要使用的绘图窗口。单击窗口标题栏即可将选中的窗口设置为当前窗口，如图 1–68 所示。

【水平平铺】和【垂直平铺】：可以在工作区中同时显示两个或多个窗口。如图 1–69 所示为水平平铺显示多个窗口。

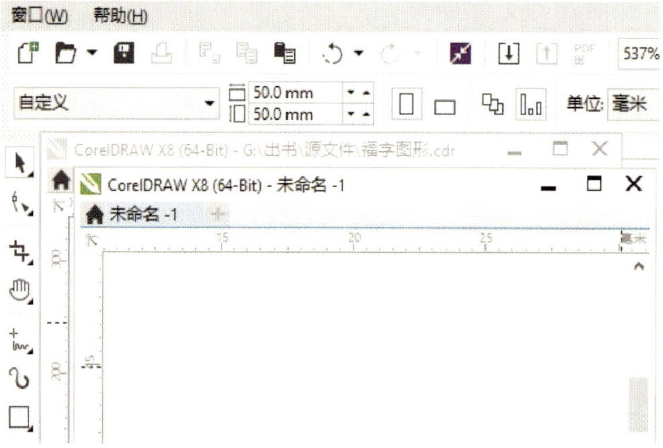

图 1–68　设置当前窗口

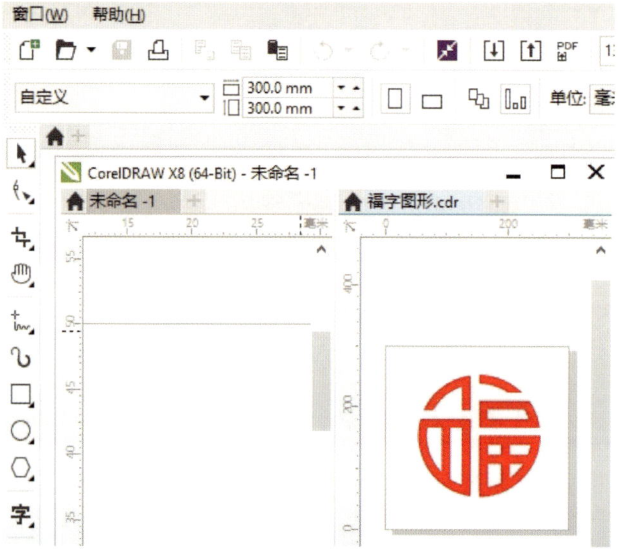

图 1–69　水平平铺显示多个窗口

思考与练习

1. 新建一个绘图文档，并将文件页面背景设置为绿色，然后将其以“新图形”为文件名称保存在桌面上。

2. 打开两个绘图文档，然后在工作区中使用平铺的方法观察图形文档。

第二章

字体设计

章节导读

- 立体字设计
- 霓虹灯字设计
- 折带字设计

文字、色彩、图形是平面设计的基础，也是平面设计的基本构成要素。字体设计在平面设计中起着非常重要的作用。在本软件学习中，字体设计主要结合【文本工具】进行设计。本章结合三个案例，循序渐进地讲解软件中相关工具的使用。案例一立体字设计的目的在于帮助用户掌握【立体化工具】和【交互式填充工具】的使用。

第一节　立体字设计

立体字设计的步骤如下。

（1）启动软件，创建新文档，在弹出对话框中将【大小】选为“A4”，文字方向设置为竖幅，【原色模式】设置为“CMYK”，【渲染分辨率】设置为“300dpi”，点击【确定】按钮，建立 A4 大小的新建文档，如图 2-1 所示。

（2）在页面中输入文本“春意盎然”，在属性栏中将【字体】设置为“黑体”，将【字体大小】设置为“72pt”。当前为选中状态，点击鼠标左键移动字体，单击右键完成复制，如图 2-2 所示。

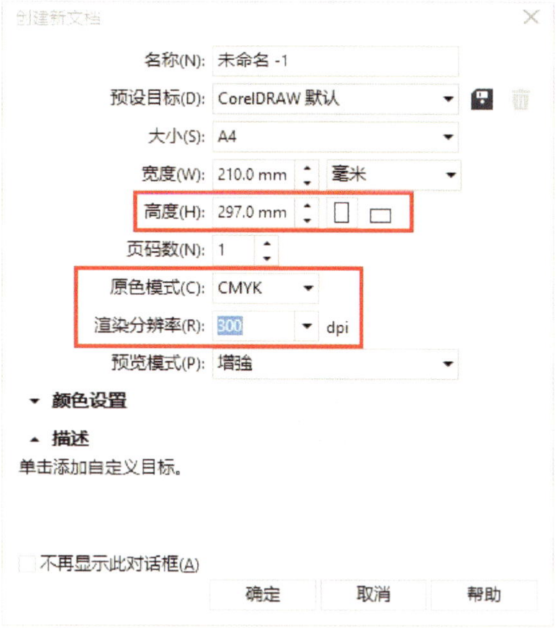

图 2-1　创建新文档

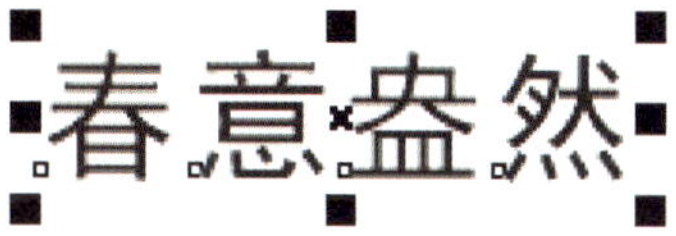

图 2-2　输入文本

（3）在工具箱中选择【立体化工具】，选择下面的文件并向下拖曳，调整透视角度及深度。

（4）在属性栏中点击【立体化颜色】按钮，在弹出的下拉列表中选择【使用递减的颜色】选项，点击【从】右侧的色块，在下拉列表弹出的对话框中将【模型】设置为“CMYK”，相应数值分别设置为 65、0、100、0。如图 2-3（a）所示，然后点击【到】右侧的色块，再在下拉列表弹出的对话框中将【模型】设置为“CMYK”，相应数值分别设置为 24、22、98、0。点击【确定】按钮，完成绿色到黄色的渐变立体效果，如图 2-3 所示。

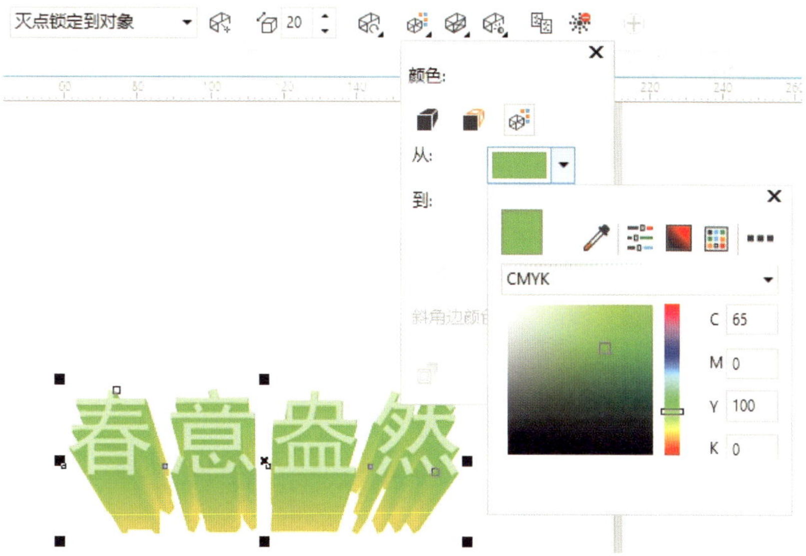

(a)

图 2-3　立体化颜色设置

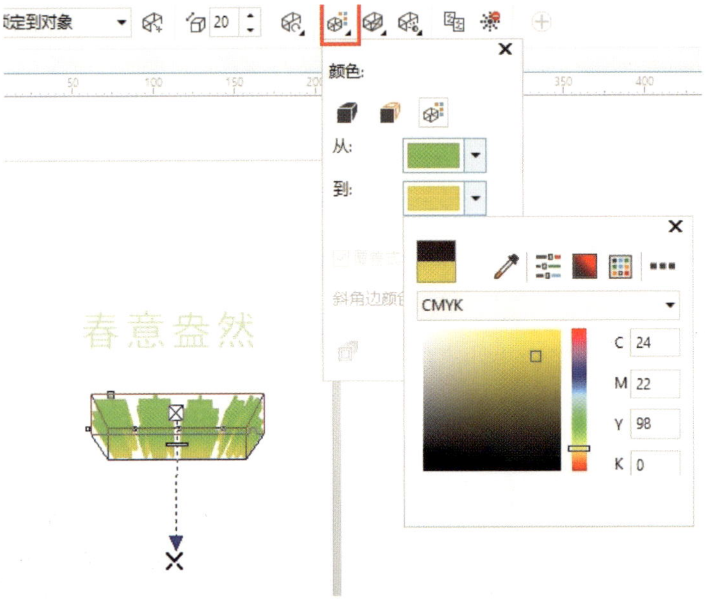

(b)

续图 2-3

（5）点击页面中的“春意盎然”文字，在工具栏中单击【交互式填充工具】选项，在属性栏中点击【均匀填充】按钮，将【模型】选为“CMYK”，相应数值分别设置为 37、0、48、0。点击【确定】按钮，完成表面文字填色，如图 2-4 所示。

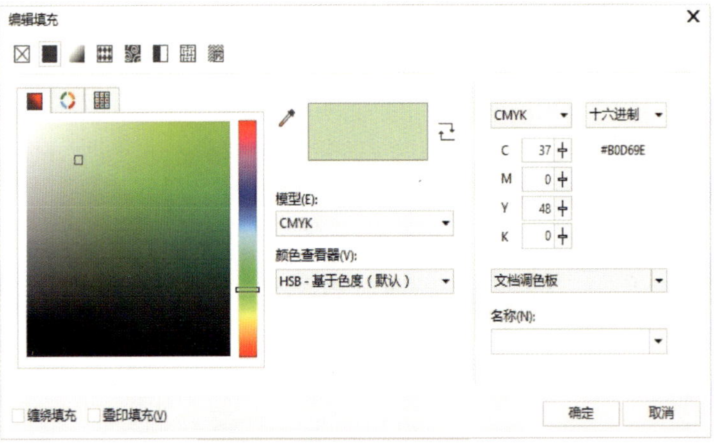

图 2-4　表面文字填色

（6）将填色文字移动到立体文字上方，调整上下左右位置，达到如图 2-5 所示的效果。

图 2-5　立体字设计效果图

小贴士

位图的分辨率

分辨率是指图像中每平方英寸所包含的像素数或点数，其单位是 ppi（pixels per inch，每英寸包含的像素数）或 dpi（dots per inch，每英寸包含的点数）。在电脑屏幕上显示图像时，分辨率通常用 ppi 表示，打印图像时，其分辨率通常用 dpi 表示。

分辨率与位图的质量有着密切的关系。当图像尺寸固定时，分辨率越高，意味着图像中包含的像素越多，图像也就越清晰。相应地，图像文件的尺寸也会越大。

反之，分辨率较低时，意味着图像中包含的像素越少，图像的清晰度自然也会降低。相应地，图像文件的尺寸也会变小。

第二节　霓虹灯字设计

霓虹灯字设计步骤如下。

（1）点击【Ctrl ＋ N 键】创建新的文档。在【大小】中选择“A4”，【高度】处选择“横幅”。【原色模式】设置为“CMYK”，【渲染分辨率】设置为“300dpi”，点击【确定】按钮，完成新文档的建立，如图 2–6 所示。

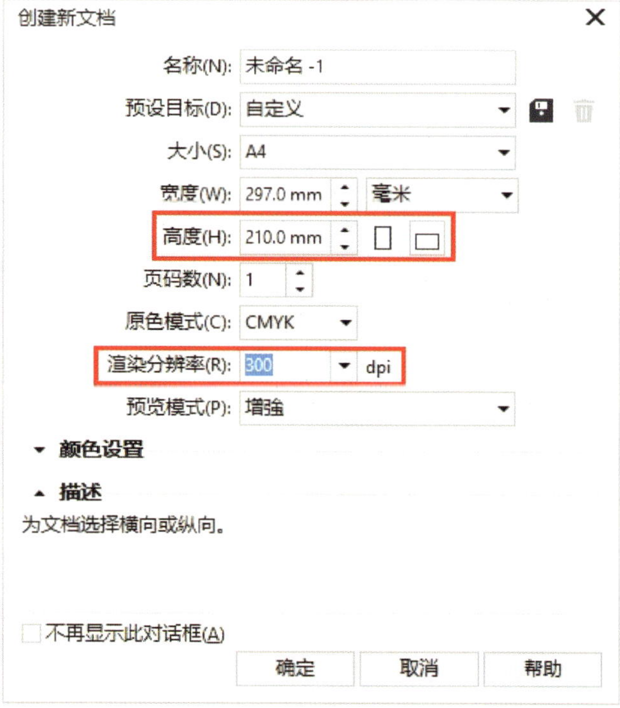

图 2–6　建立新文档

（2）双击工具栏中的【矩形】工具，创建一个与绘图页同样大小的矩形。填色 CMYK 分别为 0、0、0、90。

（3）在工具栏中点击【文本工具】，输入文字“霓虹闪烁”，如图 2–7 所示。

（4）在工具栏中点击【交互式填充工具】，然后单击【渐变工具】，再单击【线性渐变填充】按钮。在如图 2–7 所示的文字二分之一高度左右的位置，单击增加至 6 个节点。点中第一个节点，【模式】为“CMYK”，设置数值分别为 0、93、100、0。第二个节点 CMYK 值分别为 15、0、89、0。第三个节点 CMYK 值分别为 67、0、95、0。第四个节点 CMYK 值分别为 58、0、24、0。第五个节点 CMYK 值分别为 25、84、3、0。第六个节点 CMYK 值分别为 0、100、100、0。

图 2–7　输入文字

（5）点击工具栏中的【投影工具】，拖曳如图 2–8 所示的倾斜角度，完成投影效果。

图 2–8　拖曳倾斜角度

（6）得到霓虹字体效果，如图 2–9 所示。

图 2-9　霓虹字体效果

第三节　折带字设计

折带字设计步骤如下。

（1）启动软件，点击【Ctrl ＋ N 键】，新建文档。在弹出的【创建新文档】对话框中，将【宽度】和【高度】分别设置为“275.0mm”、“200.0mm”，【原色模式】设为“CMYK”，【渲染分辨率】设为“300dpi”，如图 2-10 所示。

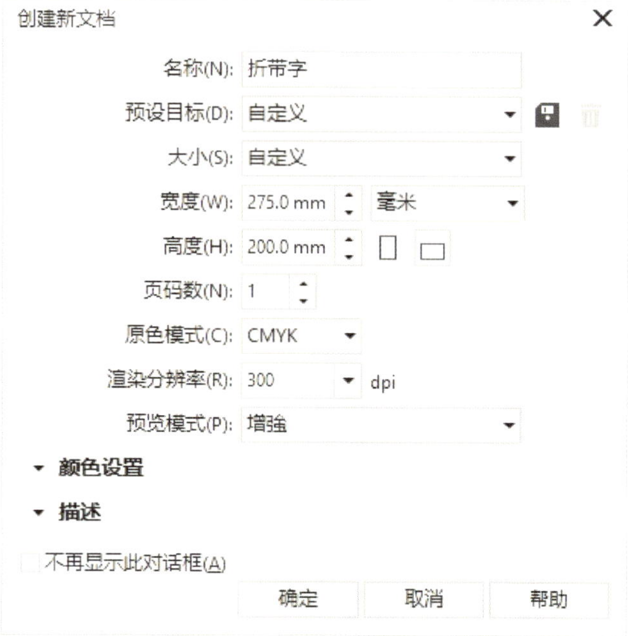

图 2-10　创建新文档

（2）单击工具栏中的【矩形工具】按钮，在页面中绘制长、宽分别为 35mm 和 12mm 的矩形。点击工具栏中的【形状工具】按钮，点击右下角角点。如图 2-11 所示。

（3）单击属性栏中的【圆角】按钮，在右下角位置输入“6.0mm”，完成圆角设置，效果如图 2-12 所示。

图 2-11　绘制矩形

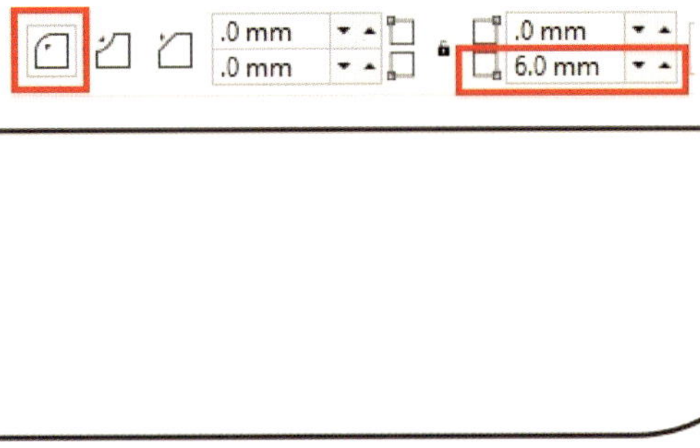

图 2-12　圆角设置

（4）点击工具栏中的【矩形工具】按钮，绘制长、宽分别为 12mm、50mm 的矩形。放置方式如图 2-13 所示。

（5）将两个图形全部选中，点击属性栏中的【转换为曲线】按钮，将图形变为可编辑曲线。单击工具栏中的【形状工具】按钮，在两个图形相交位置双击增加节点。

（6）分别双击两个图形的左上角角点，完成删除角点。得到图 2-14 所示的图形。

（7）将上面图形移动至中间位置并单击鼠标右键，完成复制，则字母“F”绘制完成，如图 2-15 所示。

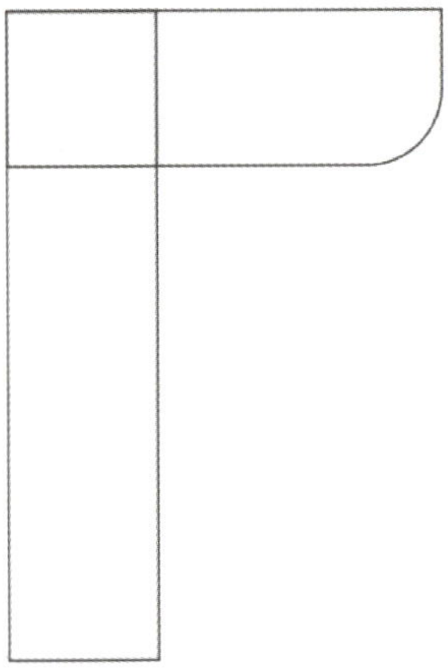

图 2-13　放置矩形

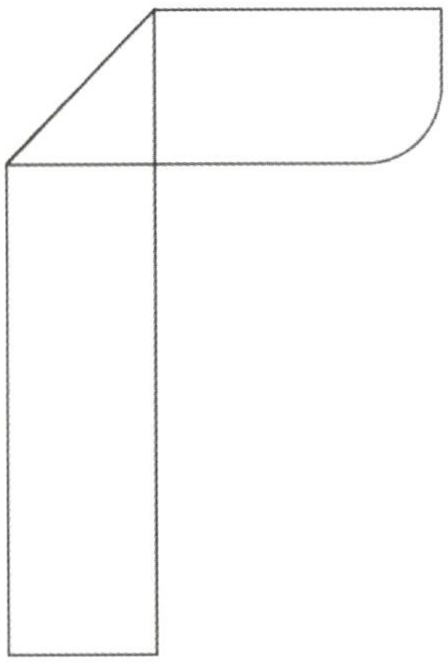

图 2-14　删除角点

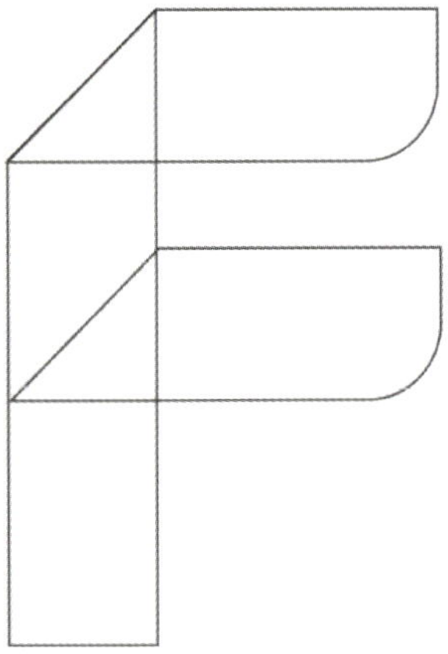

图 2-15　完成复制绘制成“F”

（8）将上一步骤绘制完成的字母“F”移动至右侧并单击鼠标右键，完成复制。将上面横向图形复制至底部，完成字母“E”的绘制，如图 2-16 所示。

（9）按照上面的方法，通过复制矩形，调整节点绘制字母“NDA”得到“芬达”的拼音字母，如图 2-17 所示。

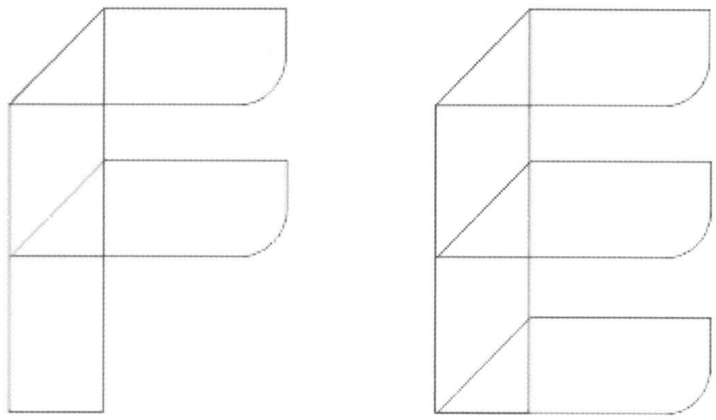

图 2-16　完成复制绘制成“E”

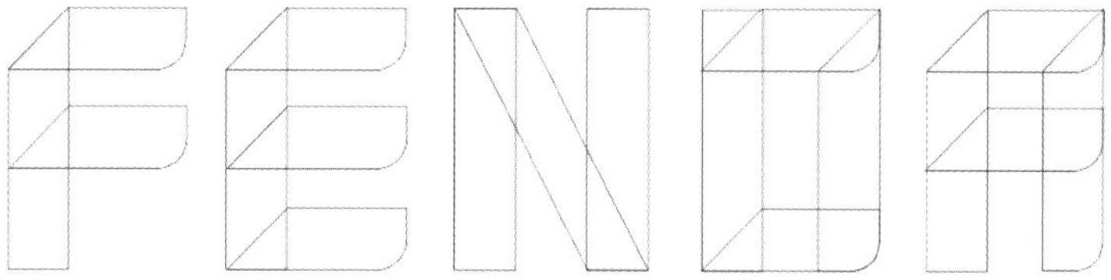

图 2-17　复制矩形绘制字母

（10）选中所有字母，单击默认颜色栏填充天蓝颜色，CMYK 数值分别为 100、20、0、0。在去除轮廓按钮 ☒ 上单击鼠标右键，去除轮廓线，得到效果如图 2-18 所示。

图 2-18　填充颜色

（11）选中所有字母，单击工具栏中的【透明度工具】，单击属性栏中的【渐变透明度】按钮，在字体上由下至上拖动鼠标，做透明度设置。在属性栏中点选【线性渐变透明度】按钮，并将【节点透明度】设置为“100”，即上部节点透明度为 100%，完成效果如图 2-19 所示。

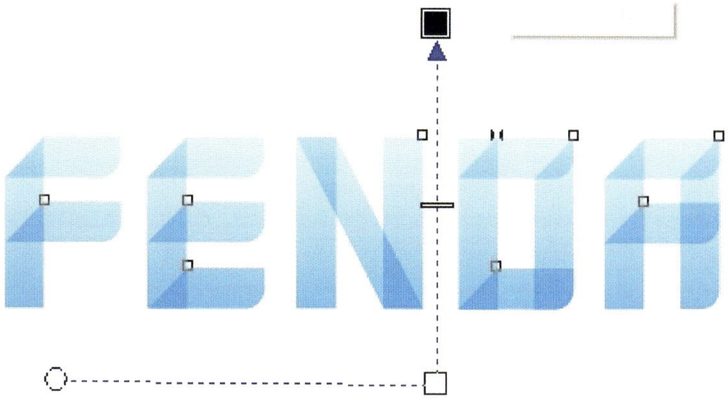

图 2-19　透明度设置

（12）最后完成的折带字效果如图 2-20 所示。

图 2-20　折带字效果

小贴士

轮廓的基本知识

轮廓是指封闭或不封闭图形的路径曲线。用户使用轮廓工具可对轮廓的形状、粗细、颜色等进行操作。无论是开放路径的图形对象或者闭合路径的图形对象都可以具有轮廓属性，如轮廓线的颜色、宽度、大小、形状等。CorelDRAW 创建的对象都具有外框。用户可以使用轮廓工具改变任何对象的外观，还可以通过选择工具复制轮廓、自定义轮廓，对外框进行编辑和调整。

思考与练习

1. 设计并制作一种条纹立体字。

2. 设计并制作一种动感发光字。

3. 设计并制作一种折带字效果的“共同的家园”文字。

第三章
名片设计

章节导读

- 莲海素食
- 贵宾卡设计

第一节 莲海素食

“莲海素食”名片设计步骤如下。

（1）启动软件，点击【Ctrl + N 键】，新建文档。在弹出【创建新文档】对话框，将【宽度】、【高度】分别设置为“275.0mm”、“200.0mm”。【原色模式】设为“CMYK”。

（2）双击【矩形工具】按钮，得到与文档大小相同的矩形，然后点击【交互式填充工具】按钮，并选中属性栏中的【均匀填充】单选按钮。颜色节点 CMYK 值分别设置为 0、0、0、100。鼠标移至默认颜色栏，右键单击【去边框】按钮 ☒，即可得到黑色背景。

（3）单击【矩形工具】按钮，绘制长、宽分别为 90mm、54mm 的两个矩形。一个为正面，另一个为反面。

（4）制作莲花瓣。单击【椭圆形工具】按钮，绘制一个椭圆形。单击属性栏中【转换为曲线】按钮，变成可编辑模式。点选一个节点，单击【形状工具】，结合工具，将一角调整为莲花瓣尖角形状。一瓣莲花瓣就完成了，如图 3–1 所示。

（5）制作莲花。在选中花瓣的情况下，再单击鼠标左键，进入旋转模式。将中心点放置于莲花瓣底部，如图 3–2 所示。旋转花瓣到合适位置并单击鼠标右键，完成花瓣复制，最终效果如图 3–3 所示。

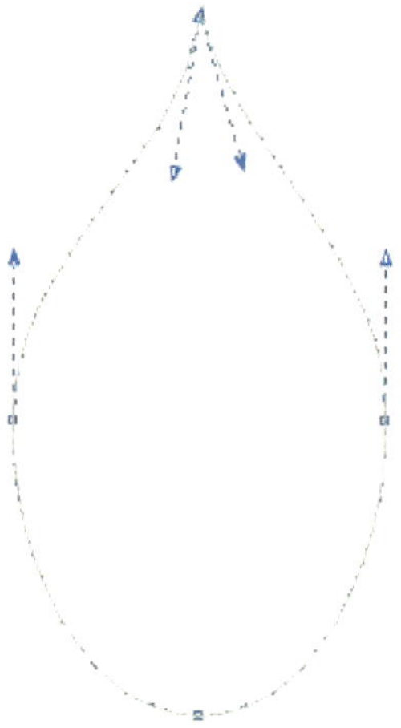

图 3-1　莲花瓣雏形

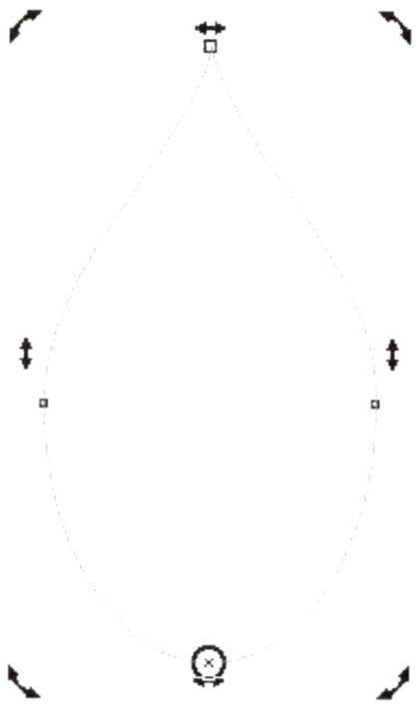

图 3-2　确定中心点

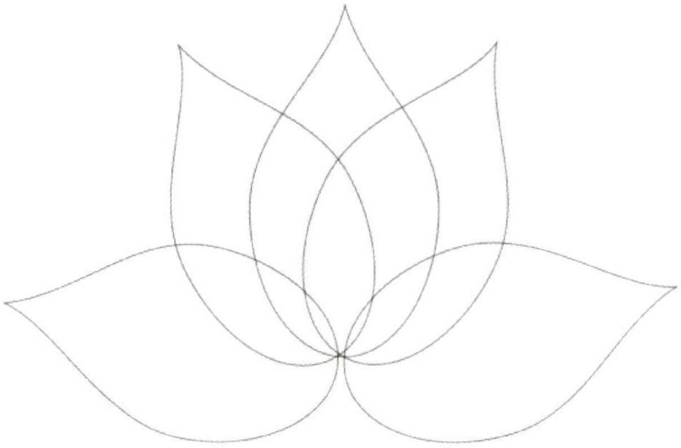

图 3-3　花瓣复制

（6）填色。单击【交互式填充工具】按钮，选择【均匀填充】，从左向右填色。模式设为“CMYK”，数值分别为100、100、0、0，100、0、0、0，100、0、100、0，0、0、100、0，0、100、100、0。选中五瓣莲花，点击鼠标右键，在下拉列表中选择【组合对象】选项。单击工具栏中【透明度工具】按钮，在属性栏中点击【均匀透明度】，将【透明度】数值设置为“50”。效果如图3-4所示。鼠标移至默认颜色栏上方，右键单击【去边框】按钮 ☒。

图 3-4　透明度设置

（7）把莲花移动至所建名片上调整大小。单击【文本工具】，输入“莲海素食”，字体为“微软繁隶书”，字号为“16pt”。字体颜色设为“单色填充”，CMYK 值分别为 96、67、100、59，放置在莲花下面。再次输入“无烟、无酒、无肉”，换行输入“无蛋、无奶、无辛”。字体为“隶书”，字号为“8pt”，字体颜色为黑色。

（8）选择字体，单击属性栏中【转换为曲线】按钮 ，将其转换为图形，在打印的过程中即使字体缺失也能够作为图形打印出来。

（9）名片背面制作。点选莲花，结合【Shift 键】，点击名片、字体。单击属性栏中【对齐与分布】按钮，在下拉列表中点选【居中对齐】选项，名片背面完成，效果如图 3-5 所示。

图 3-5　名片背面

（10）名片正面的制作。将“莲海素食”字体复制到名片正面的页面上，调整大小，如图 3-6 所示。点击右键，在下拉列表中点击【取消组合对象】 取消组合对象(U)　Ctrl+U 。

选择最左侧的花瓣，单击工具栏中的【形状工具】，结合【添加节点】、【删除节点】 ，并结合 工具，将多出页面外的花瓣进行修复。效果如图 3-6 所示。

图 3-6　正面莲花效果

（11）文字的编排。将名片背面文字“莲海素食”复制到名片正面的页面上。单击【文本工具】，输入字体“杨丹总经理”，“杨丹”字体设为“文鼎 CS 行楷繁”，字号设为“11pt”。“总经理”字体设为“隶书”，字号为“7pt”。电话号码字体设为“黑体”，字号为“7pt”。输入地址、电话文本，字体为“隶书”，字号为“6pt”。字体颜色为“单色填充”，CMYK 值分别为 0、0、0、100，调整字体位置，完成名片正面设计。整体效果如图 3-7 所示。

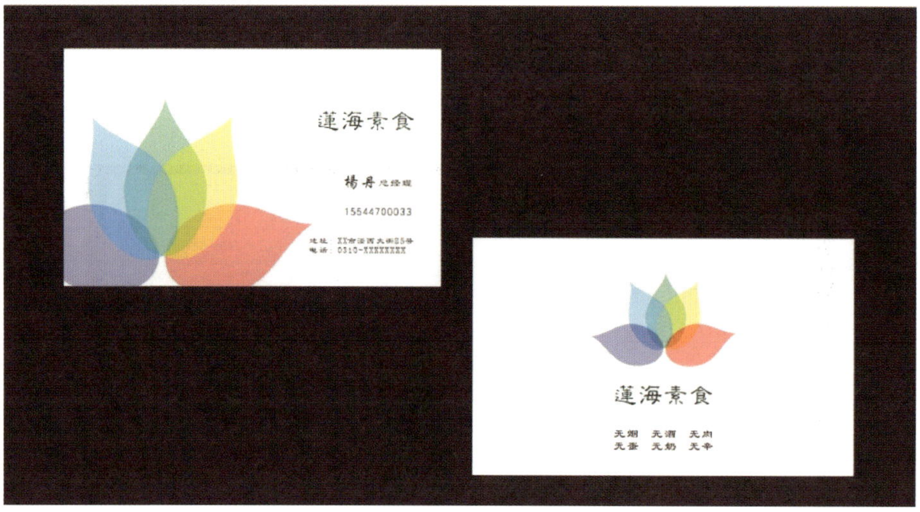

图 3-7　名片设计效果图

小贴士

名片设计要素

1. 与众不同

名片设计要做到与众不同，这就是秘诀所在。

首先，要做好定位。名片必须和公司的形象、业务、风格相匹配——一般来说，一张名片的尺寸为 90mm 长、54mm 宽最合适。这样就方便将名片装入口袋和钱包中，不要把名片做得太大，而名片太小容易丢失。

其次，要设计得有趣，比如，可以设计成半折叠式的，而且设计名片的时候一定要注意——务求简约，追求联系信息的快速呈递。从一张名片上，就能看出一个设计师的基本功。

2. 精致、有创意

细节精致，构思巧妙，你的名片就会给客户留下深刻的印象。名片设计可以考虑一些游戏设计和网页设计的风格。可以将名片设计得与网站类似，比如设计成 Facebook 和 iPhone 的风格。但是使用流行元素一定要谨慎，因为流行元素容易过时！另外，可以考虑在名片设计中加入一点交互性。

二维码和 URl 的创意都不错，可以告诉客户“想要浏览更多的信息，请访问……”或者“扫描二维码获取更多的资料”。

3. 极简设计，突出文本信息

极简设计可以帮助用户快速获取信息，快速扫描二维码。

大量使用留白区域，且留白区域不必设定为白色。“少即是多”的设计哲学理念对于空间有限的名片来说非常适宜。

简约设计带来的好处，便是突出了文本信息。

名片最重要的东西是什么？是名片上面的信息。用户可以通过这些文字知道你是谁。文本设计应具有可读性。浅色背景和深色文本是经历过时间检验的搭配。

字体大小很关键，一般来说，名片上的文本一般为 8 ~ 15 磅，一般“名字”最显眼。文本字体不宜小于 8 磅，如果字间距比较紧密，那么可以适度调整字体大小。

4. 涵盖关键信息

名片必备的几个要素有名称、联系方式、公司信息等，公司名片必须要有 Logo。

名片的目的在于吸引潜在客户，提供的信息一定要完善。

5. 多使用色彩和图像

任何设计都离不开色彩和图像，名片设计也不例外。

名片有双面，可以一面设计得多彩一点，图形元素丰富一点，另一面设计得简约一点，用于信息传递。也就是说一面用于吸引人注意，另一面注重功能性。这样名片才会既突出又实用。

第二节　贵宾卡设计

贵宾卡设计步骤如下。

（1）启动软件，点击【Ctrl + N 键】，新建文档。在弹出的【创建新文档】对话框中，将【宽度】、【高度】分别设置为“275.0mm”、“200.0mm”，【原色模式】设为“CMYK”，如图 3-8 所示。

（2）单击【矩形工具】按钮，绘制长、宽分别为 90mm、50mm 的矩形。点选【形状工具】按钮，矩形四个交点变为黑色小方块。拖动其中一个交点并滑动，得到倒角矩形，如图 3-9 所示。

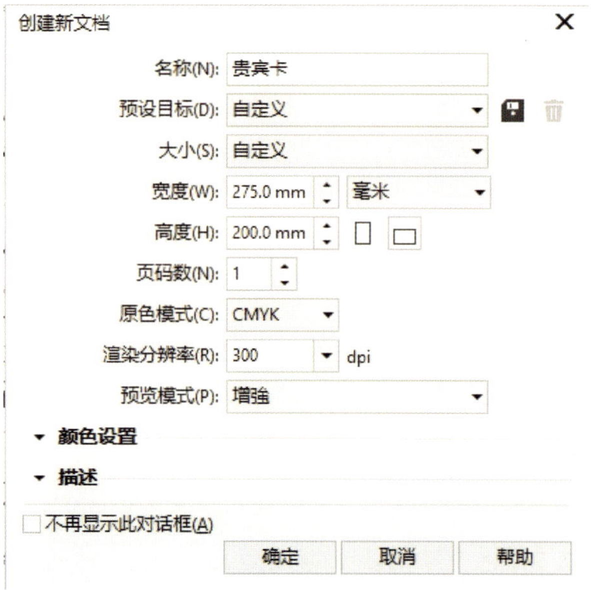

图 3-8　新建文档

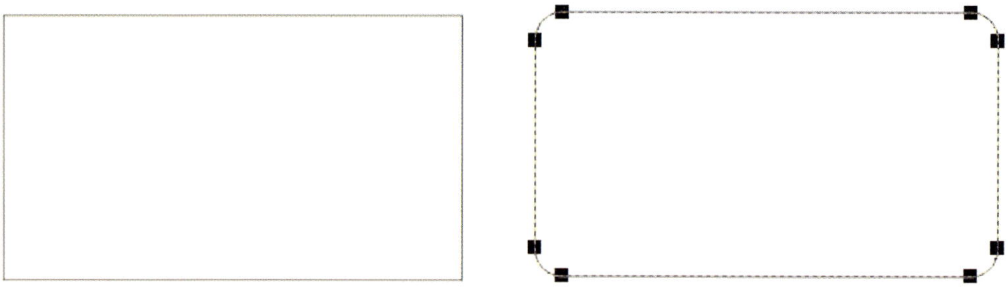

图 3-9　倒角矩形

（3）选中矩形，填充颜色 CMYK 数值分别为 0、20、20、0。点击菜单栏中的【文件】命令，在下拉列表中点击【导入】选项，在对话框中找到图形 1，点击【确定】按钮，进行图形导入。将图形拉伸调整大小，并填充颜色 CMYK 数值分别为 0、40、0、0，移动至名片正面。选中两个图形，单击属性栏中的【对齐与分布】按钮，在下拉列表中点选【水平居中对齐】，如图 3-10（a）所示，效果如图 3-10（b）所示。

(a)　　(b)

图 3-10　导入图形

（4）单击工具栏中的【文本工具】按钮，在页面中输入“纤纤美体”。在属性栏中，将字体设置为“方正姚体”，字号设置为“24pt”。文字位置和名片图案居中对齐。操作方法参考步骤（3），效果如图 3-11 所示。

图 3-11　输入文本

（5）单击工具栏中的【文本工具】按钮，在页面中输入“贵宾卡 VIP CARD”。在属性栏中，在字体设置中将“贵宾卡”三个字设置为“黑体”，字号为“14pt”；将“VIP CARD”字体设置为“Rockwell”，字号为“10pt”。

（6）单击工具栏中的【文本工具】按钮，在页面中输入“NO.0982”。在属性栏中，将字体设置为“Arial”，字号为“11pt”，效果如图 3-12 所示，即可完成贵宾卡正面设计。

图 3-12　贵宾卡正面设计

（7）复制卡片矩形和导入的图案。选择两个图形，拖动鼠标并单击右键，完成复制。点击卡面填充颜色 CMYK 数值为 0、40、0、0。图案填充颜色 CMYK 数值为 0、20、20、0，效果如图 3-13 所示。

（8）单击工具栏中的【矩形工具】按钮，在页面上建立一个长、宽分别为 90mm、

12mm 的矩形。单击工具栏中的【交互式填充工具】按钮，在属性栏中点选【渐变填充】，设置颜色为从黑色向白色线性渐变，以模仿贵宾卡磁条，如图 3–14 所示。

图 3–13　复制卡片

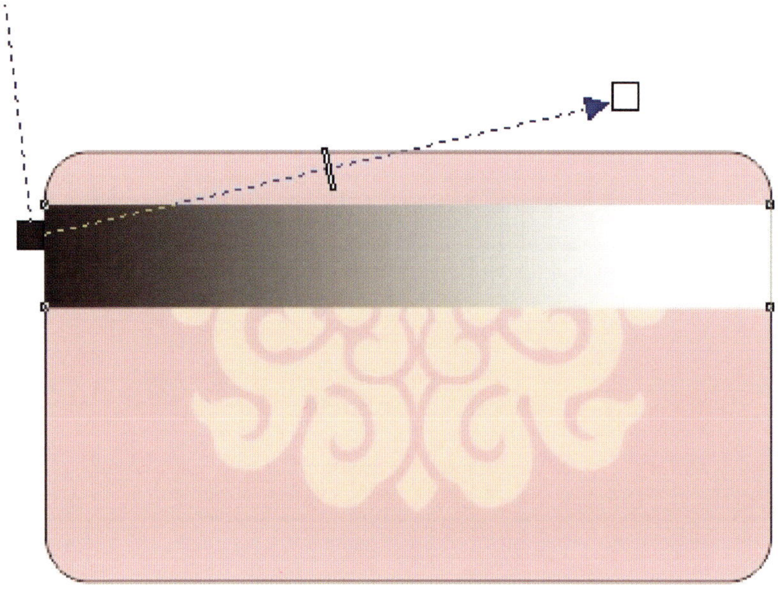

图 3–14　模仿贵宾卡磁条

（9）单击工具栏中的【文本工具】按钮，在页面中输入文字“本人持卡 请勿外借 妥善保管 请勿遗失”。在属性栏中设置字体为“黑体”，字号为“9pt”。选中字体和卡面，单击属性栏中的【对齐与分布】按钮，在下拉列表中点选【水平居中对齐】，效果如图 3–15 所示。

（10）单击工具栏中的【文本工具】按钮，在页面中输入文字“电话：010–8888888”。在属性栏中设置字体为“黑体”，字号为“9pt”。再次单击【文本工具】按钮，在页面中输入文字“持卡人签名”。在属性栏中设置字体为“黑体”，字号为“7pt”。点击工具栏中的【矩形工具】按钮绘制长、宽分别为 30mm、6mm 的矩形。

去除边框颜色，填充颜色为白色。将图移至合适位置，效果如图 3–16 所示，即可完成贵宾卡背面设计。

图 3–15 输入文本

图 3–16 贵宾卡反面设计

（11）双击工具栏中的【矩形工具】按钮，得到与页面等大的矩形，填充颜色 CMYK 数值分别为 0、0、0、60。单击贵宾卡正面，将鼠标从上方角点拖动至卡面下方，同时点击鼠标右键，完成水平镜像复制卡面，形成倒影效果。单击工具栏中的【交互式填充工具】按钮，点选属性栏中的【渐变填充】选项。从上至下渐变为 0、20、20、0，直至渐变为白色。调整下部分透明度，数值调整为“100”，表示全透明，效果如图 3–17 所示。

（12）单击卡正面的底图，点选上面节点，从上至下拖动鼠标，并单击鼠标右键完成图案倒影的绘制。单击工具栏中的【交互式填充工具】按钮，点选属性栏中的【渐变填充】选项。从上至下渐变为白色。调整下部分透明度，数值调整为“100”，表示全透明。用同样方法绘制卡号、字体的倒影效果，效果如图 3–18 所示。

（13）卡的背面倒影绘制方法同正面，整体效果如图 3–19 所示，至此完成贵宾卡的绘制。

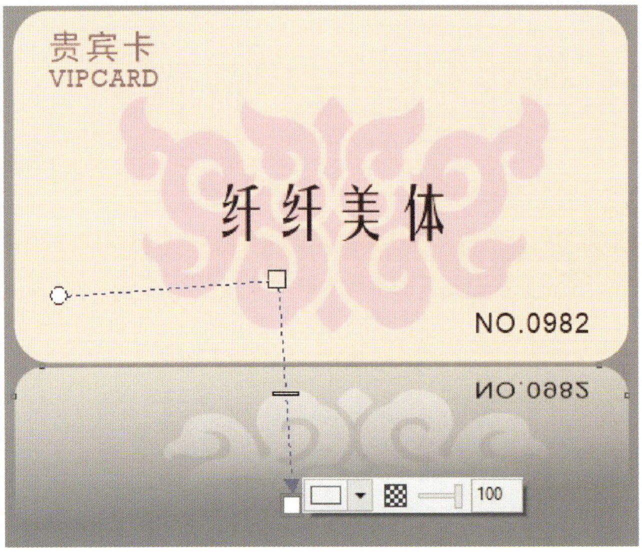

图 3-17　水平镜像复制卡面

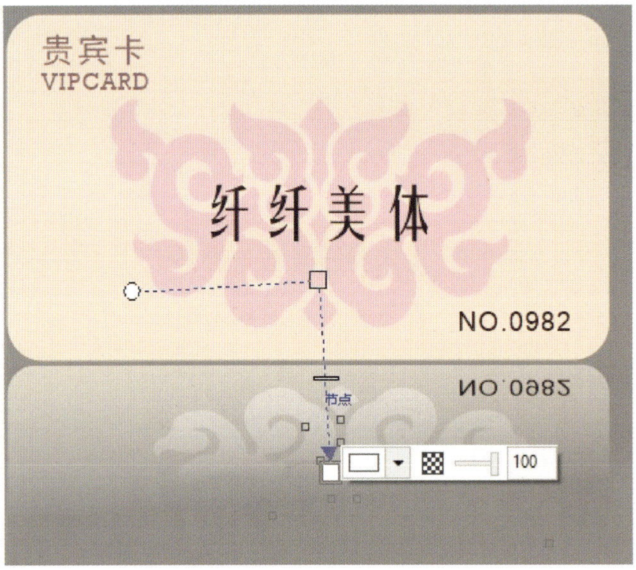

图 3-18　正面倒影效果

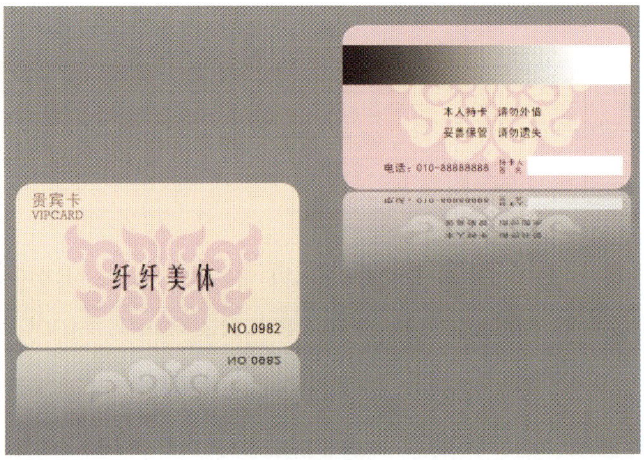

图 3-19　贵宾卡整体设计效果

思考与练习

1. 设计并制作一张设计师个人名片。

2. 设计并制作“潮流美发”贵宾卡。

第四章

图形设计

章节导读

- “福”字图形设计
- 卫生间导视图形设计

第一节 “福”字图形设计

“福”字图形设计步骤如下。

（1）启动软件，创建新文档，名称为“福字图形”，宽度和高度均设为300mm，其中【渲染分辨率】为“300dpi”，【原色模式】为“CMYK”，如图4-1所示。

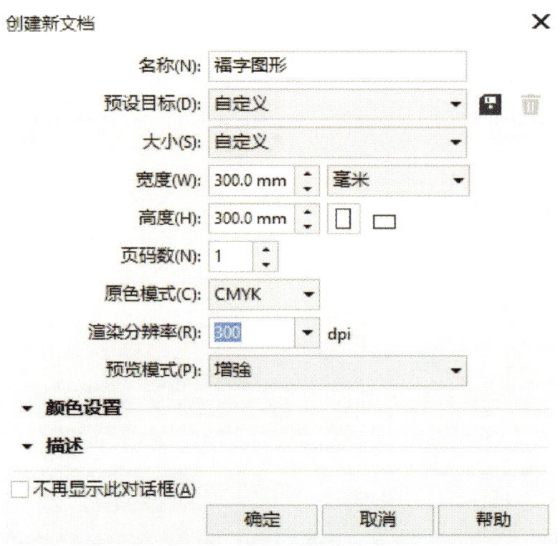

图4-1 创建新文档

（2）点击工具栏中的【椭圆工具】按钮，按键盘上的【Ctrl 键】绘制正圆，直径为200mm。按下键盘上的【Shift 键】，向内移动鼠标，单击鼠标右键完成同心圆复制，在属性栏中修改小圆直径为 172mm，如图 4–2 所示。

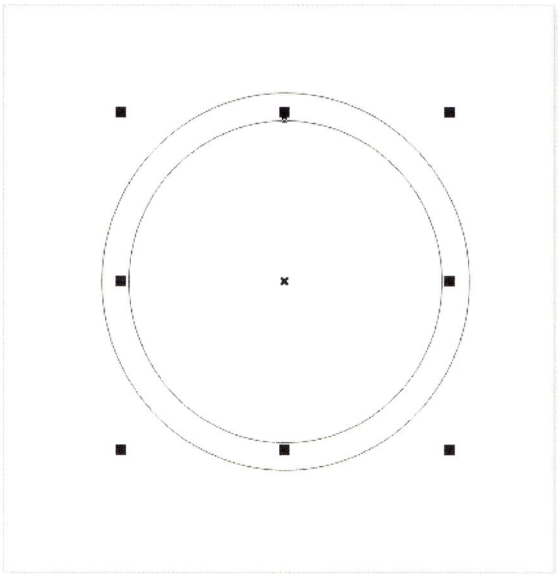

图 4–2　绘制正圆

（3）选中两个圆，点击属性栏中的【移除前面对象】按钮。使绘制图形变为圆环。将鼠标移至竖向尺寸栏，当鼠标光标变成白色时，拖动鼠标，拉出辅助线，放在同心圆圆心处。用同样的方法，在距第一根辅助线 14mm 处拉出第二根辅助线。将鼠标移至横向尺寸栏，当鼠标变成白色时，拖动鼠标，拉出第三根辅助线，放在同心圆圆心处。采用同样的方法，拉出第四根辅助线，位置在距第三根辅助线 14mm 处。位置如图 4–3 所示。

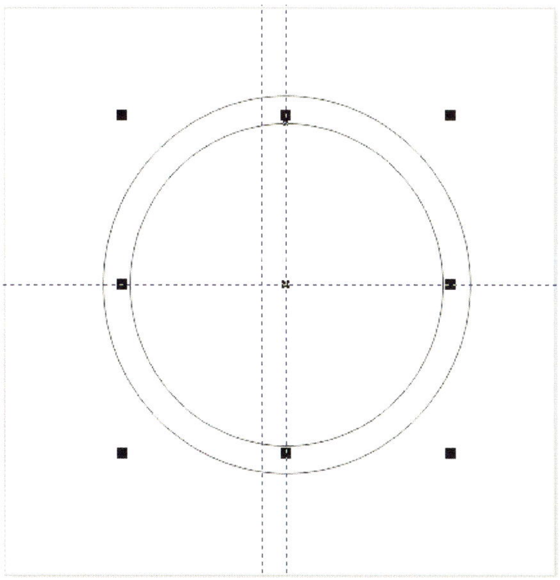

图 4–3　绘制辅助线

（4）紧邻第一、二根辅助线位置，绘制长为 220mm、宽为 14mm 的矩形，位置如图 4–4 所示。

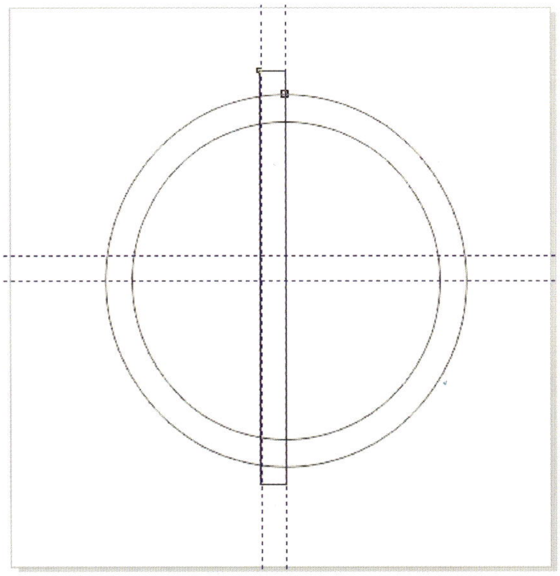

图 4–4　紧邻第一、二根辅助线绘制矩形

（5）选中步骤（4）所绘制的矩形，按住键盘上的【Shift 键】加选圆环。点击属性栏中的【移除前面对象】按钮。得到图 4–5 所示的图形。

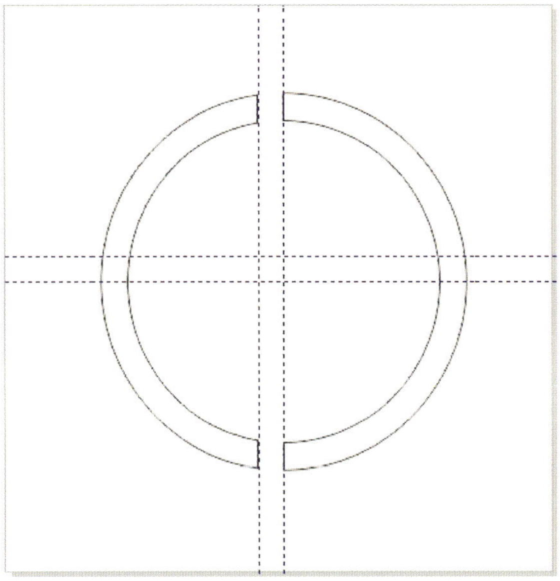

图 4–5　移除前面对象

（6）点击工具栏中的【矩形工具】按钮，在第三、四辅助线中绘制矩形，长度为 125mm，宽度为 14mm，如图 4–6 所示。

（7）按住键盘上的【Shift 键】加选圆环。点击属性栏中的【合并】按钮，得到新图形。单击工具栏中的【矩形工具】按钮，创建长、宽分别为 96mm、14mm 的矩形，左侧紧邻第一根辅助线，上侧紧邻第三根辅助线。位置如图 4–7 所示。

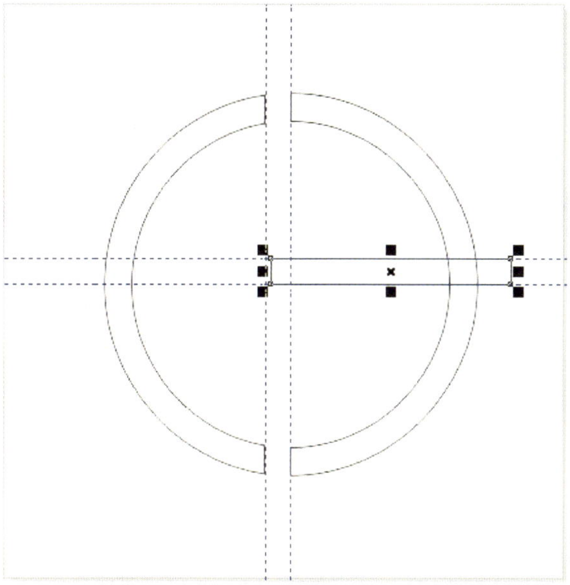

图 4-6　在第三、四根辅助线中绘制矩形

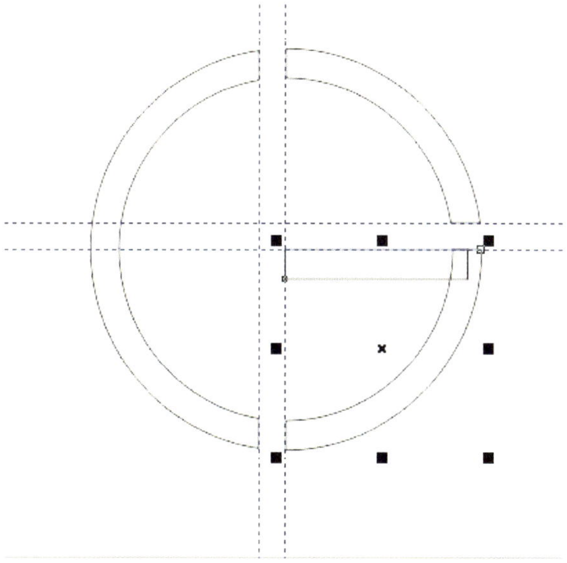

图 4-7　紧邻第一、三根辅助线绘制矩形

（8）按住键盘上的【Shift 键】加选圆环。点击属性栏中的【合并】按钮。得到图 4-8 所示的图形。

（9）采用同样的方法绘制横向、纵向矩形。横向矩形高度为 14mm，纵向矩形宽度为 14mm。为了保证“福”字的笔画粗细一致。选中页面中所有图形，单击属性栏中的【合并】按钮。得到“福”字中的“田”的部分，如图 4-9 所示。

（10）用相同的方法绘制矩形，横向矩形高度为 14mm，纵向矩形宽度为 14mm。选中页面中所有图形，点击属性栏中的【合并】按钮，得到如图 4-10 所示的图形。

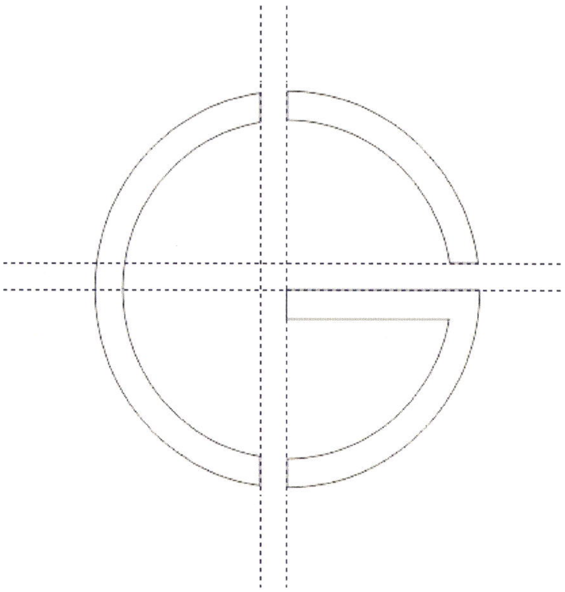

图 4-8　合并 1

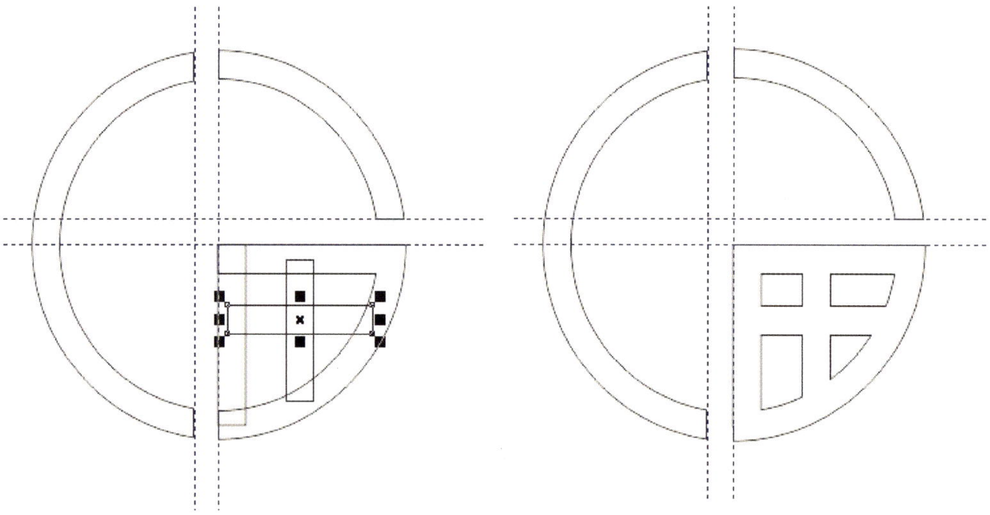

图 4-9　绘制 “福” 字中 “田” 的部分

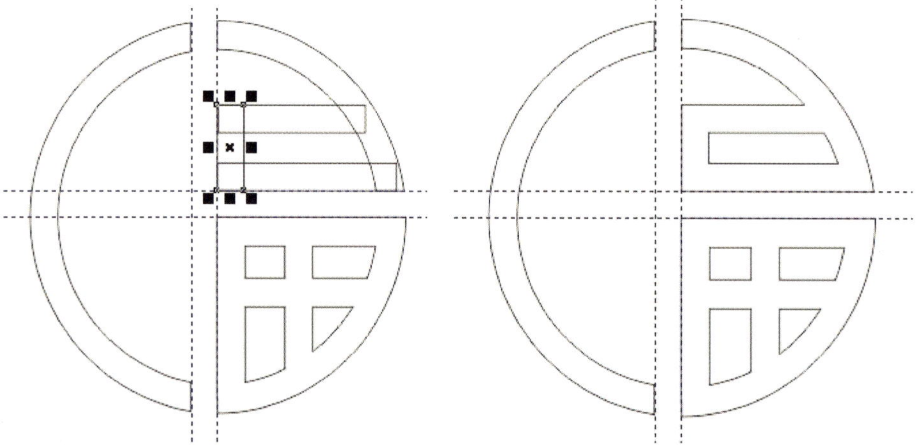

图 4-10　合并 2

（11）绘制长、宽分别为 96mm、14mm 的矩形。选中所有图形，单击属性栏中的【合并】按钮，得到“福”字的右上部，如图 4–11 所示。

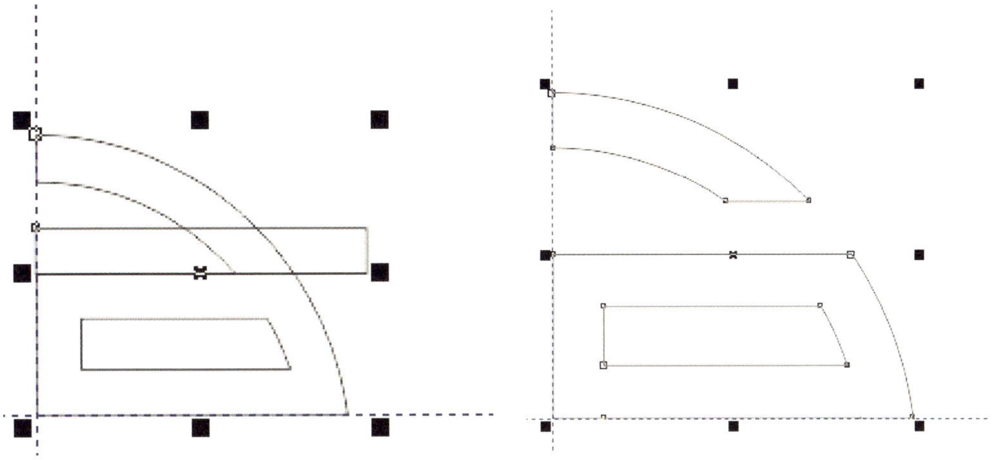

图 4–11　绘制“福”字的右上部

（12）绘制“福”字左半部分。点击工具栏中的【矩形工具】绘制三个矩形，横向矩形高度为 14mm，纵向矩形宽度为 14mm，位置如图 4–12 所示。

（13）选中所有图形，单击属性栏中的【合并】按钮，得到图 4–13 所示图形。

（14）绘制矩形，长、宽分别为 96mm、14mm，位置如图 4–14 所示。

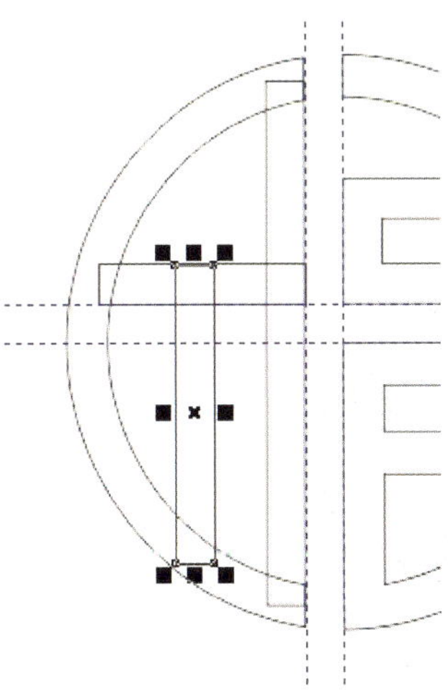

图 4–12　绘制“福”字左半部分

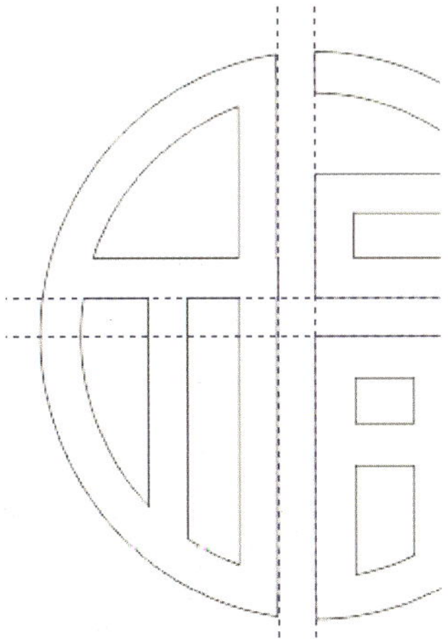

图 4–13　合并 3

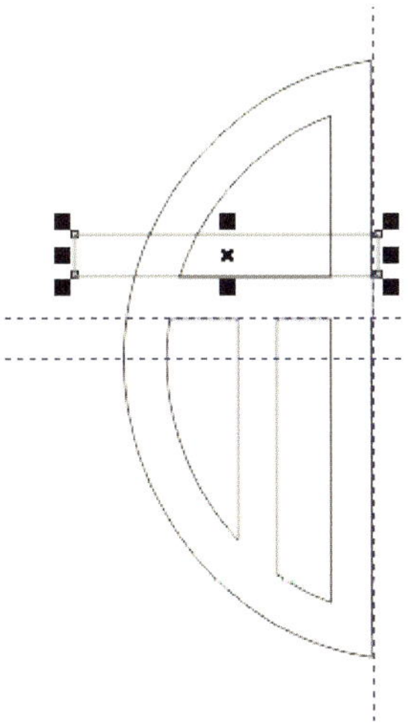

图 4–14　绘制矩形

（15）选中所有图形，单击属性栏中的【合并】按钮，填充颜色 CMYK 值为 0、100、100、0。将鼠标移至默认颜色栏上方，用右键去掉边框。完成“福”字图形的绘制，如图 4–15 所示。

图 4-15 “福”字图形效果

小贴士

将图片转成 CDR 格式矢量图形

步骤如下。

（1）启动 CorelDRAW 软件，点击工具栏中的【文件】菜单，在下拉列表中点选【导入】。在弹出对话框中找到需要转换的图形文件。点击【打开】按钮，在页面中出现如图 4-16 所示图标，在页面中拖动鼠标，根据自己的需要导入图像。

图 4-16 导入图像

（2）点选图片，在菜单中点击【位图】，在下拉列表中点选【快速描摹】，如图 4-17 所示。页面中导入的图像被软件编辑成矢量图形。

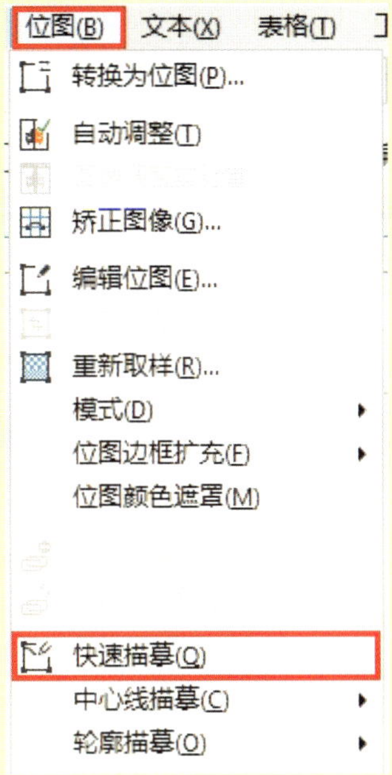

图 4-17　编辑矢量图形

（3）选中图形右击，在下拉列表中点选【取消组合对象】，如图 4-18 所示。点选背景，删除后得到“福”字图形。

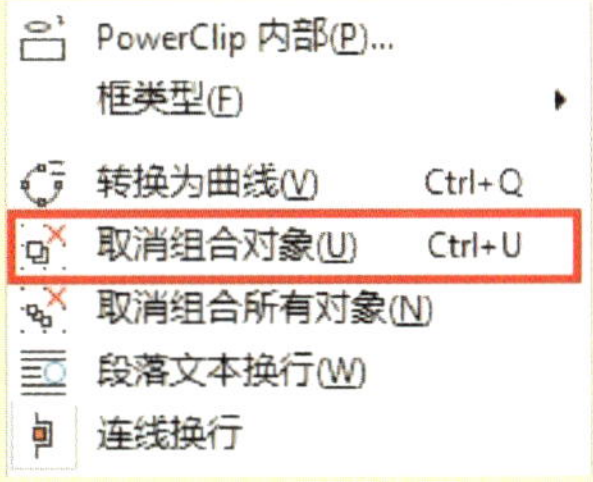

图 4-18　取消组合对象

（4）但如果此时更改图形颜色会得到如图 4-19 所示的效果。这并不是我们想要的结果。

图 4-19　更改图形颜色的效果

（5）这是因为我们取消了组合对象。只需将图形全部选中，选中后单击鼠标右键，在下拉列表中点击【合并】，得到最后的效果，如图 4-20 所示。这是由像素图转变成矢量图比较简单的做法。

图 4-20　合并后的效果

小贴士

常用图形、图像文件格式

每种图形、图像文件都有其特定格式，常用的图形、图像文件格式有如下几种。

（1）CDR。CorelDRAW 文件格式，主要用来保存矢量图形，但也可保存位图图像，只能在 CorelDRAW 中使用，通用性差。

（2）PSD。Photoshop 文件格式，保存的信息多，文件尺寸大，仅能被 Photoshop 软件使用，通用性差。

（3）JPG。最常用的图像文件格式，文件尺寸小，多用于网页和照片，使用有损压缩算法。

（4）TIF。通用的图像文件格式，通用性强，很多软件都可识别处理，使用无损压缩算法，文件尺寸大。

（5）GIF。常用的图像文件格式，文件尺寸小，可在图像中设置透明区，且可保存多帧动画，使用有损压缩算法，多用于网页。

第二节　卫生间导视图设计

卫生间导视图设计步骤如下。

（1）启动软件，创建新文档，在弹出对话框中将【宽度】、【高度】均设置为

“200.0mm”。【原色模式】设置为“CMYK”，【渲染分辨率】设置为“300dpi”，点击【确定】建立新文档，如图 4–21 所示。

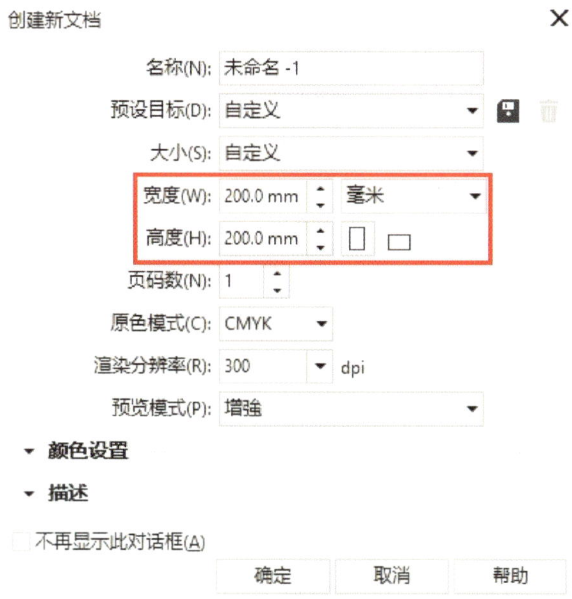

图 4–21　建立新文档

（2）绘制头部。单击【椭圆】工具，按【Ctrl 键】，创建一个直径为 12mm 的正圆形。

（3）单击工具栏中的【手绘】工具，在下拉列表中点选工具。在属性栏中将【轮廓宽度】设置为“5.0mm”，线条样式如图。

（4）绘制男性身体。单击【2 点线工具】 2点线，绘制如图 4–22 所示图形。拖动线条单击鼠标右键，完成复制。单击属性栏中的【水平镜像】按钮，完成镜像。移动到合适位置，完成男性身体绘制。

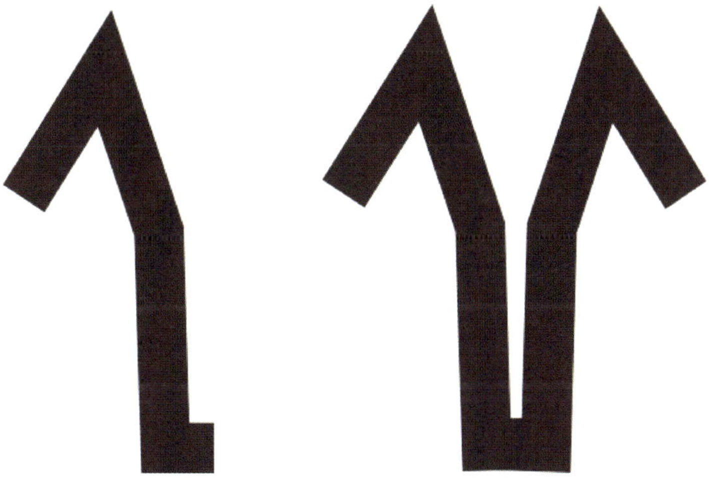

图 4–22　绘制男性身体

（5）点选身体两条线，单击属性栏中的【合并】按钮，使身体成为一体。选择身体和头部，单击属性栏中的【对齐与分布】按钮。在弹出的对话框中单击【水平居中对齐】按钮，完成图标制作，如图 4–23 所示。

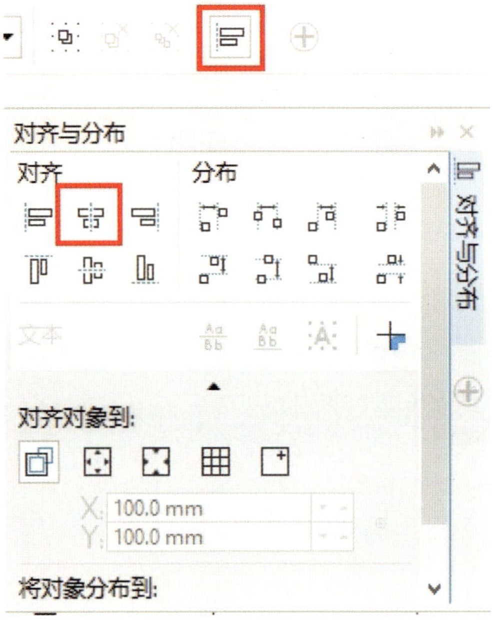

图 4–23　完成合并

（6）绘制女性身体。单击【2 点线工具】 2点线 ，绘制如图 4–24 所示图形。拖动线条单击鼠标右键，完成复制。单击属性栏中的【水平镜像】按钮 完成镜像操作，移动到合适位置。单击【2 点线工具】 2点线 ，画一条竖直线，完成女性身体绘制。

图 4–24　绘制女性身体

（7）绘制头部及调整。单击【椭圆】工具，按【Ctrl 键】创建一个直径为 12mm 的正圆形。放置在女性身体上方。对齐调整同上图方法。

（8）单击【矩形】工具，绘制 75mm × 75mm 矩形。单击【形状】工具，拖动交点节点，使矩形变倒角矩形。单击【选择工具】，按住【Shift 键】向内拖动鼠标，得到同心倒角矩形，在属性栏中设置长、宽分别为 65mm、65mm。

（9）单击【交互式填充工具】，点击属性栏【渐变式填充】，节点颜色模式设置为“CMYK”模式，数值为 0、0、0、30。点选后方矩形，采用相同的填充方式，方向为相反。

（10）把男性图标移至调整好的矩形上，可结合【Ctrl + PageDown 键】调整前后叠放顺序。分别点选男性身体图标和头部图标，单击【阴影工具】，拖曳得到如图 4-25 所示的效果，女性图标制作方式相同。

图 4-25　卫生间导视图设计效果

思考与练习

1. 设计并制作“寿”字图形。

2. 绘制红色高跟鞋图案。

第五章

标志设计

章节导读

- 意达图文标志设计
- 露曼音乐舞蹈学校标志设计
- 春鸣合唱训练营标志设计

第一节　意达图文标志设计

意达图文标志设计步骤如下。

（1）按【Ctrl + N 键】新建文档【高度】、【宽度】均设为“300.0mm”。【原色模式】为“CMYK”，【渲染分辨率】为“300dpi”，如图 5–1 所示。

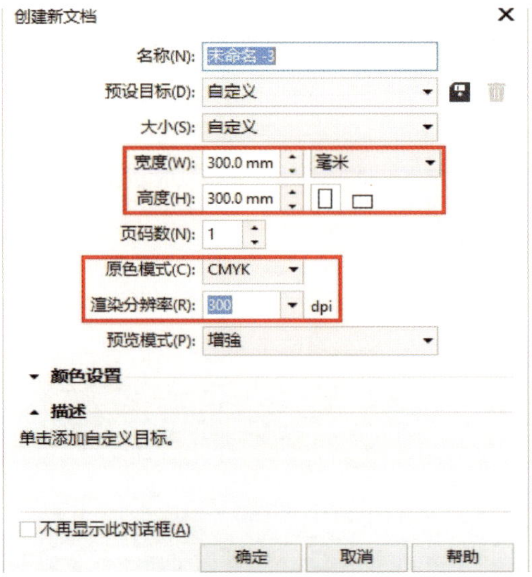

图 5–1　新建文档

（2）单击工具栏中的【矩形工具】按钮，在页面中绘制长、宽分别为 85mm、145mm 的矩形。单击属性栏中的【转换为曲线】按钮，将其改为可编辑状态。单击工具栏中的【形状工具】按钮，在所绘图形上双击增加节点，并调整节点得到图 5–2 所示效果，模仿印章效果。在默认颜色栏上方 ⊠ 点击鼠标右键去除边线。填充颜色 CMYK 数值设置为 0、100、100、0。

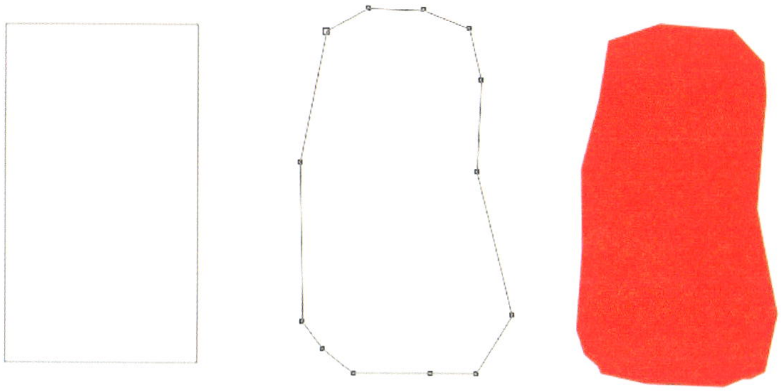

图 5–2　增加并调整节点

（3）单击工具栏上的【文本工具】按钮，在页面中输入文字“意达”。单击属性栏中的【将文本更改为垂直方向】按钮 ，得到竖向排列的文字。在属性栏中更改文字的字体为“微软繁隶书”，字号为“200pt”。将文字移至所绘制的红色图形上，单击颜色栏中的白色，将字体填充为白色，CMYK 数值为 0、0、0、0。选中文字，点击鼠标右键，在下拉列表中点选【转换为曲线】，将字体改为可编辑状态。点击工具栏中的【拆分曲线】，得到如图 5–3 所示效果。

(a)

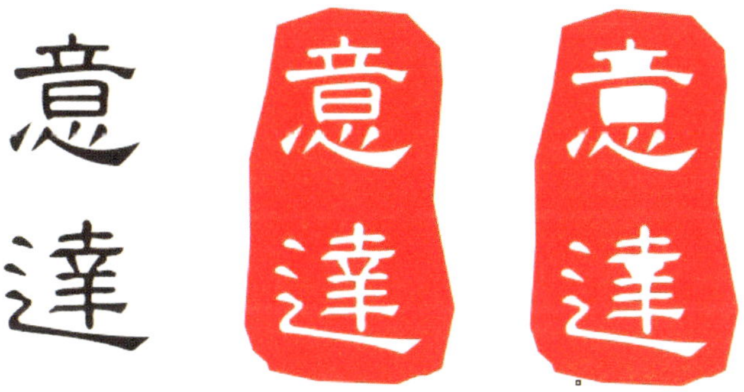

(b)

图 5–3　拆分曲线

（4）点选“意”字“日”部分的笔画并删除，得到如图 5–4 效果。

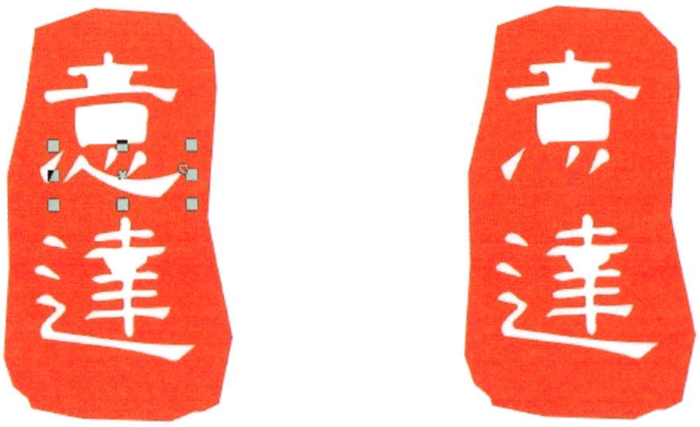

图 5-4　删除“意”字其中笔画

（5）点击工具栏中的【艺术笔工具】，在属性栏中点选【喷涂】按钮 。在属性栏类别中选择【笔刷笔触】选项，在喷射图样中选择第一种图样。在页面中拖动鼠标画一小段线，得到一个笔触效果。此处如果画的线段过长，则产生多个笔触。单击属性栏中的【随对象一起缩放笔触】按钮，则该笔触会随着图形缩放进行更改，否则不能对其进行旋转、缩放等编辑。填充颜色，CMYK 数值设为 0、0、100、0。效果如图 5-5 所示。

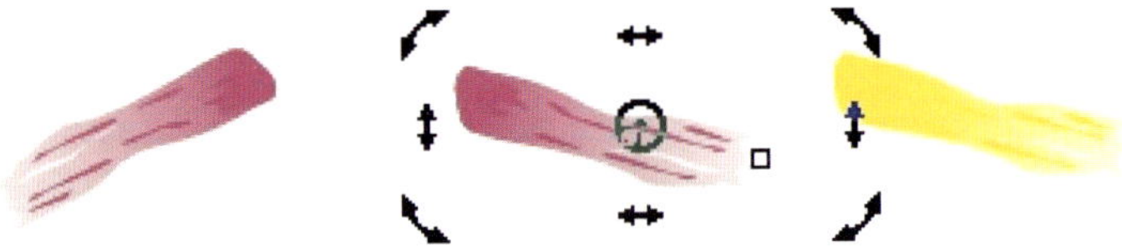

图 5-5　笔触效果

（6）将绘制好的笔触放置于“意”字所删除笔画的位置，调整其大小和方向。框选“意”字上部分，点击属性栏中的【合并】按钮。再框选“达”字，点击属性栏中的【合并】按钮，得到图 5-6 所示的效果图。

图 5-6　合并效果

（7）单击工具栏中的【文字工具】按钮，在页面中的圆形下方输入文字“意达图文”。设置字体为“黑体”，字号为“72pt”，完成意达图文标志设计，如图 5-7 所示。

图 5-7　“意达图文”标志效果

> **小贴士**
>
> **什么是对象、几何图形、曲线、路径和轮廓**
>
> （1）对象：在 CorelDRAW 中，所有独立存在的图形和位图都是对象。
>
> （2）几何图形：使用【矩形工具】、【椭圆工具】、【多边形工具】、【星形工具】等绘制的图形称为几何图形。
>
> （3）曲线：使用【螺旋形工具】、【手绘工具】、【贝塞尔工具】、【钢笔工具】、【多点线工具】和【3 点曲线工具】等绘制的图形称为曲线。此外，使用【艺术笔工具】绘制的图形属于一种具有特殊属性的曲线。虽然它们本身只是一个曲线，但用户又可为其设置填充和轮廓属性。
>
> （4）路径：就是曲线，又可分为开放路径和闭合路径。默认情况下，用户只能为闭合路径设置填充属性。
>
> （5）轮廓：指图形的边线。对于使用【矩形工具】、【螺旋形工具】、【钢笔工具】等绘制的几何图形和曲线而言，轮廓和路径是一致的。但是，对于使用【艺术笔工具】绘制的图形，路径和轮廓是不同的。

第二节　露曼音乐舞蹈学校标志设计

露曼音乐舞蹈学校标志设计步骤如下。

（1）启动软件，按【Ctrl + N 键】新建文档，【高度】、【宽度】均设为“300.0mm”。【原色模式】为“CMYK”，【渲染分辨率】为“300dpi”，如图 5-8 所示。

（2）点击工具栏中的【椭圆工具】按钮，在页面中，同时按【Shift + Ctrl 键】画圆。所得圆形为从中心向外扩展的圆形。按下【锁定比率】键，如图 ，调整圆直径

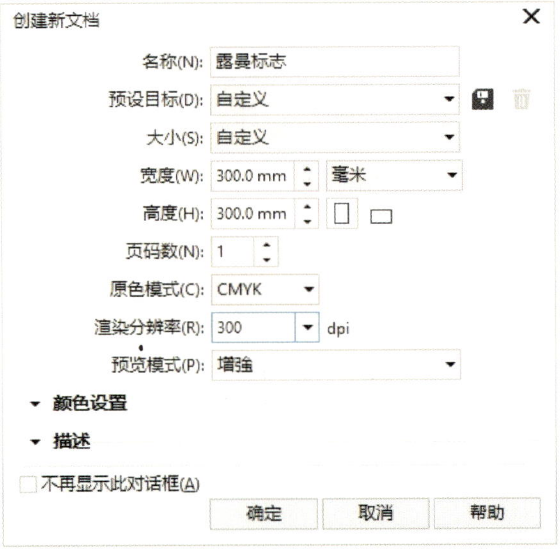

图 5-8　新建文档

为 200mm，并移动至页面中心。

（3）选中页面中的圆形，点击工具栏中的【椭圆形工具】，同时按【Shift 键】，向圆形内心移动一定位置并单击鼠标右键，完成复制同心圆。调整内圆直径为 147mm。

（4）同时选中页面中的两个圆形，单击属性栏中的【移除前面对象】工具，完成圆环制作。此时，所见圆形为空心圆环，如图 5–9 所示。

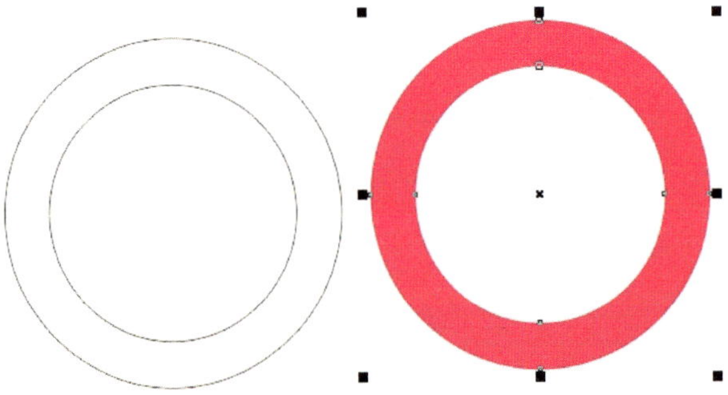

图 5-9　空心圆环

（5）填充颜色，【填充模式】选择“CMYK”，数值为 0、100、0、0。用鼠标右键点选 ☒ 去除轮廓线。标志外部轮廓完成。

（6）单击菜单栏中的【文件】下拉列表中的【导入】，在打开的对话框中找到“舞蹈人”图形，点击【确定】，完成导入。单击工具栏中的【交互式填充工具】填充颜色，【填充模式】选择“CMYK”，数值设置为 50、100、0、0。

（7）单击工具栏中的【矩形工具】，绘制长、宽分别为 55mm、48mm 的矩形。点击属性栏中的【转换为曲线】，单击工具栏中的【形状工具】，在下图位置通过添加节点和删除节点 得到图 5–10 所示图形。同时选中页面中的这两个图形，单击属性栏中的【移除前面对象】工具，得到图 5–10 的图形。

图 5-10　图形制作

（8）选中图形，点击鼠标右键，在下拉列表中点选【取消组合对象】，如图 5-11（a）所示。单击工具栏中的【形状工具】，结合增加节点和删除节点工具 ，调节舞者腰部和腿部的曲线，如图 5-11（b）所示。

（9）将完成的舞者图形选中，点击鼠标右键，点选【组合对象】，如图 5-12 所示，完成舞者绘制。

（10）将舞者移动至步骤（5）所绘制的圆环中，效果如图 5-13 所示。

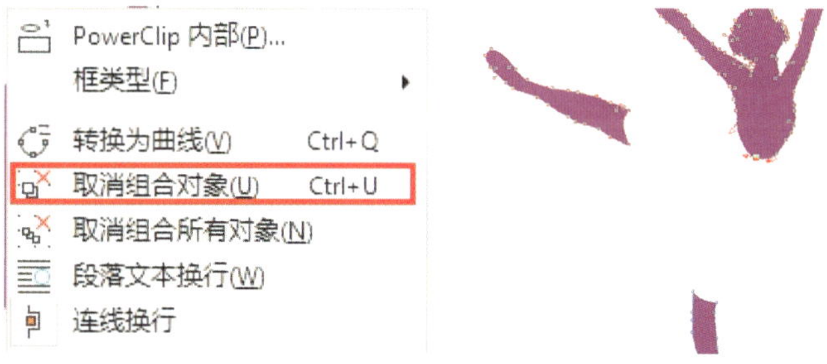

(a)　(b)

图 5-11　调节舞者曲线

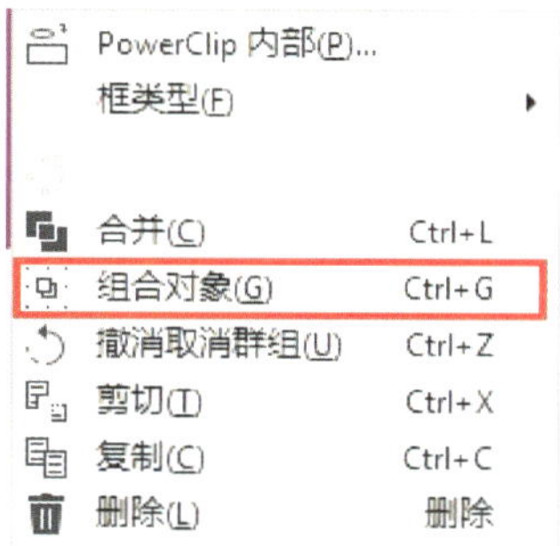

图 5-12　点选【组合对象】

（11）单击菜单栏中的【文件】，在下拉列表中点选【导入】，在打开的对话框中找到“音符”图形，点击【确定】完成导入。调整音符位置，效果如图 5-14 所示。

图 5-13　将舞者移至圆环中

图 5-14　导入音符

（12）单击工具栏中的【文本工具】字，在页面中输入“LU MAN YIN YUE WU DAO XUE XIAO ”，在属性栏中，修改字体为“Agency FB”、字号为“40pt”，如图 5–15 所示。

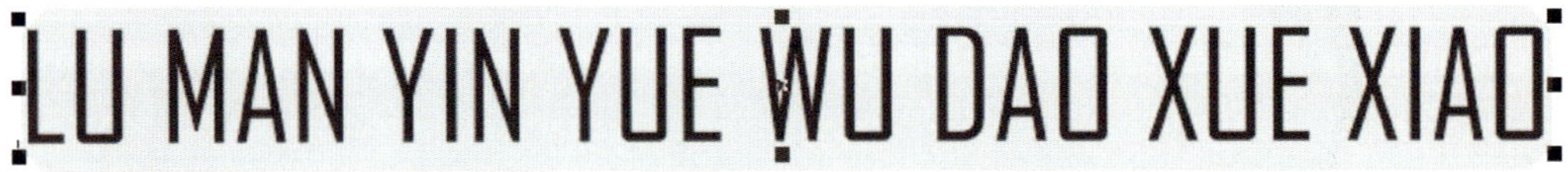

图 5–15　添加文本

（13）单击菜单栏中的【文本】，在其下拉列表中点选【使文本适合路径】，将字体移动到圆环附近，在合适位置点击放置，如图 5–16 所示。字体颜色点击默认颜色栏中的白色。

图 5–16　放置文本

（14）单击工具栏中的【文本工具】字，在页面中输入“露曼音乐舞蹈学校”，如图 5–17 所示。在属性栏中，修改字体为“黑体”、字号为“50pt”。字间距为两个字符。

图 5–17　输入文字

（15）单击菜单栏中的【文本】，在其下拉列表中点选【使文本适合路径】，将字体移动到圆环附近，在合适位置点击放置。字体颜色点击默认颜色栏中的白色，完成标志设计。效果如图 5–18 所示。

图 5-18　标志设计效果图

小贴士

节点的类型

从大的方面讲，节点可分为直线节点和曲线节点。曲线节点又可细分为单侧曲线节点、对称节点、平滑节点、尖突节点等，如图 5-19 所示。

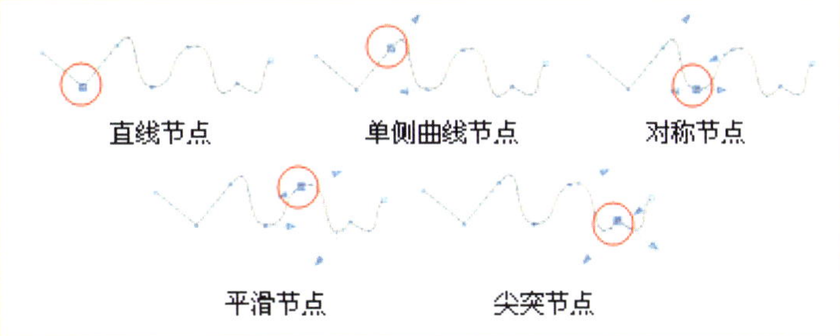

图 5-19　节点类型

（1）直线节点：该节点两侧均为直线。

（2）单侧曲线节点：该节点一侧为直线，一侧为曲线。

（3）对称节点：单击节点一侧控制柄端点并拖动，另一侧控制柄的方向与长度会与之同步变换，并且两者始终位于同一直线上。

（4）平滑节点：单击节点一侧控制柄端点并拖动，另一侧控制柄的长度不会受影响，但两者始终位于同一直线上。

（5）尖突节点：调整节点一侧控制柄的长度和方向时，另一侧控制柄的长度和方向不受影响，从而可以制作凹形路径。

（6）使用【形状工具】单击某个节点后，单击属性栏中的相关工具，可改变节点类型。

第三节　春鸣合唱训练营标志设计

春鸣合唱训练营标志设计步骤如下。

（1）按【Ctrl + N 键】，新建高度、宽度均为 300mm 新文档。【原色模式】为“CMYK”，【渲染分辨率】为“300dpi”，如图 5-20 所示。

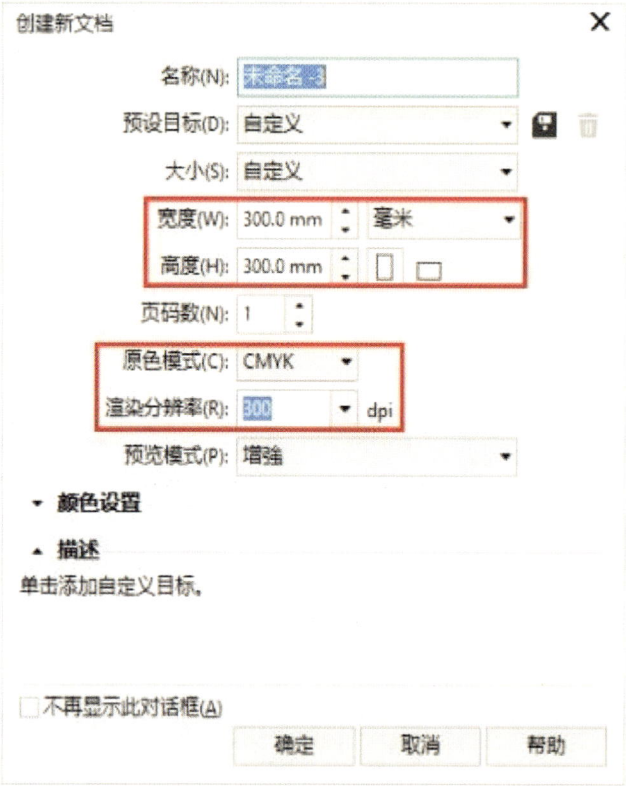

图 5-20　新建文档

（2）点击工具栏中的【椭圆形工具】，在页面中，同时按【Shift + Ctrl 键】画圆。所得圆形为从中心向外扩展的圆形。按下【锁定比率】键，调整圆直径为 200mm，并移动至页面中心。

（3）选中页面中的圆形，点击工具栏中的【椭圆形工具】，同时按【Shift 键】，向圆形内心移动一定位置并单击鼠标右键，完成同心圆的复制。调整内圆直径为 145mm。

（4）同时选中页面中的两个圆形，单击属性栏中的【移除前面对象】工具 ，完成圆环制作。此时，所见圆形为空心圆环，如图 5-21 所示。

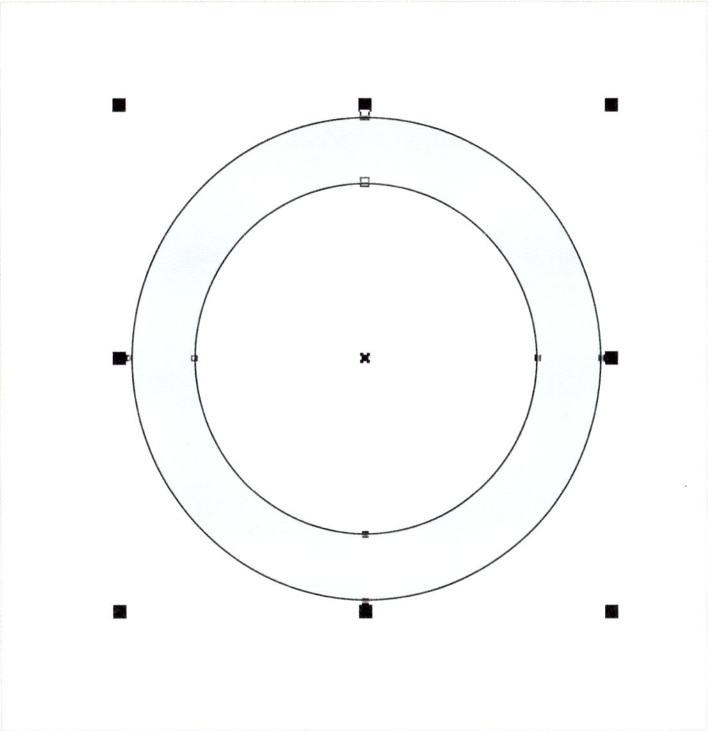

图 5-21　圆环制作

（5）填充颜色，【填充模式】选择“CMYK”，数值为 30、0、7、0。标志外部轮廓完成。

（6）单击工具栏中的【文本工具】，在页面中输入“春鸣合唱训练营”，在属性栏中，修改字体为“楷体”、字号为“72pt”。

（7）单击菜单栏中的【文本】，在其下拉列表中点选【使文本适合路径】，如图 5-22 所示。用鼠标找到内圆作为路径，调整合适位置，可通过【文本工具】调整字间距。

（8）选择文字，单击鼠标右键，在下拉列表中选择【转换为曲线】，如图 5-23 所示，把文本格式变成可编辑的图形模式，通过移动调整至合适位置。

（9）在页面中单击【文本工具】，输入英文“spring choir”，调整方法如上，放入圆环下部，形成如图 5-24 所示的效果图。

（10）小鸟的绘制。单击工具栏中的【椭圆形工具】，在页面中绘制椭圆形。单击鼠标右键，在下拉列表中选择【转换为曲线】，此时，椭圆为可编辑形状。单击工具栏中的【形状工具】，结合工具栏中的【尖突节点】、【平滑节点】、【对称节点】等工具，调整椭圆各节点，得到小鸟身体的形状。在默认调色板中右击 ☒ 按钮，取消轮廓色。

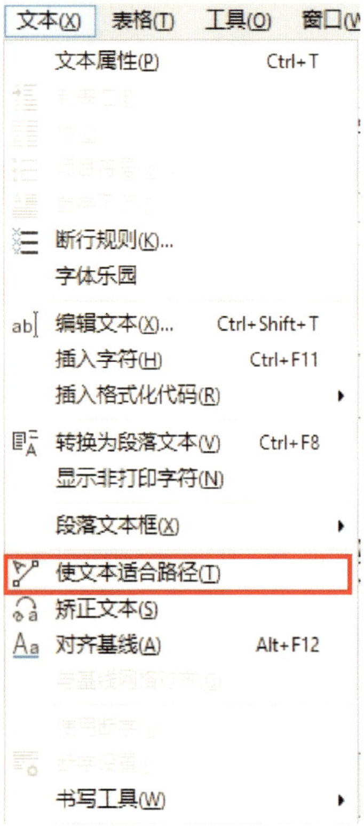

图 5-22　调整至合适位置

图 5-23　变为可编辑的图形模式

（11）绘制眼睛。单击工具栏中的【椭圆形工具】，按住【Ctrl 键】，在小鸟头部绘制圆形，填充白色。如上步骤，取消轮廓色。重复此次操作，绘制稍小的圆形移至合适位置，并填充黑色，完成眼睛的绘制，如图 5-25 所示。

图 5-24　添加文本

（12）绘制小鸟的喙。点击工具栏中的【手绘工具】，在下拉菜单中点选【2 点线工具】 2点线 ，完成喙的绘制。

图 5-25　绘制小鸟眼睛

（13）绘制翅膀。点击工具栏中【椭圆工具】绘制椭圆，点击鼠标右键，在下拉列表中选择【转换为曲线】。结合工具栏中的 工具，调整为翅膀形状。

（14）颜色填充。选中翅膀，单击工具栏上的【交互式填充工具】，在属性栏中单击【渐变填充】按钮，设置渐变颜色为从蓝色到白色渐变。点击靠近身体节点，点击节点，设置颜色为“CMYK”模式，数值为 86、58、0、0；并按上述步骤为身体填充渐变色，靠近头部节点数值为 86、58、0、0。

（15）绘制双腿。单击菜单栏上的【矩形工具】，绘制两个等大的长方形，填充颜色为【均匀填充】，模式为“CMYK”，数值为 36、100、100、3。单击长方形，变换为旋转模式，调整鸟腿站立的角度，完成后如图 5-26 所示。

（16）再复制两只小鸟，调整渐变颜色。中间小鸟颜色渐变节点 CMYK 值调整为 6、0、91、0。翅膀同上。左边小鸟颜色渐变节点 CMYK 值调整为 4、96、0、0。翅膀颜色同上。

（17）调整翅膀位置。选中中间小鸟的翅膀，单击进入旋转模式，移动到合适位置。按住【Ctrl 键】，同时点击【Page Down 键】，将翅膀置于鸟身体后方。同理，将中间小鸟身体的位置放在右边小鸟的后面和翅膀的后面。选中左边小鸟翅膀，单击属性栏的【水平镜像】按钮，移动到合适位置。按下【Ctrl + PageDown 键】，将翅膀置于鸟身体后方。同理，将身体放在中间小鸟的后方，如图 5-27 所示。

图 5-26　绘制小鸟双腿

图 5-27　调整翅膀位置

（18）绘制树枝和树叶。单击【矩形工具】，绘制矩形。颜色填充模式为【均匀填充】，CMYK 值分别为 56、89、100、43。点击鼠标右键在下拉列表中点选【转换为曲线】。单击工具栏中的【形状工具】，结合 等工具，调整为树枝形状。单击工具栏中的【椭圆工具】绘制椭圆，在下拉列表中右键点选【转换为曲线】。单击工具栏中的【形状工具】，结合 等工具，调整为树叶形状，并复制一片叶子，调整位置，如图 5–28 所示。

图 5–28　绘制树枝和树叶

（19）音符的制作。单击工具栏中的【椭圆工具】绘制椭圆，左键单击旋转。单击工具栏中的【矩形工具】绘制音符符干，调整合适位置。符尾的绘制方法：单击【矩形工具】，点击鼠标右键选择下拉列表中的【转换成曲线】，单击工具栏中的【形状工具】，结合 等工具，调整为符尾形状。调整至合适位置，如图 5–29 所示。

（20）调整位置，整理完成春鸣合唱训练营标志的设计，如图 5–30 所示。

图 5–29　制作音符

图 5–30　春鸣合唱训练营标志效果图

思考与练习

1. 设计并制作一款“雅典艺术学校”标志。

2. 设计并制作一款“嘉禾快餐”标志。

第六章

插画设计

章节导读

■ 插画设计——蓝色斑点狗

插画设计步骤如下。

（1）启动软件，新建长、宽分别为 220mm、280mm 的页面。双击矩形工具创建和页面等大的矩形。

（2）单击【椭圆工具】，绘制椭圆作为小狗的头部。单击【转换为曲线】按钮，进入曲线编辑模式。

（3）绘制头部。单击【形状工具】，结合【添加节点】、【删除节点】和工具，对椭圆进行曲线绘制，头部造型如图 6–1 所示。

（4）绘制耳朵。方法如上，通过添加节点、调整节点绘制耳朵，效果如图 6–2 所示。

（5）绘制眼睛。单击【椭圆工具】，绘制两个相交椭圆作为小狗的眼睛。单击属性栏中【合并】按钮，得到眼睛外轮廓。接下来，绘制两个小一点的椭圆作为眼球。完成眼睛的绘制，流程如图 6–3 所示。

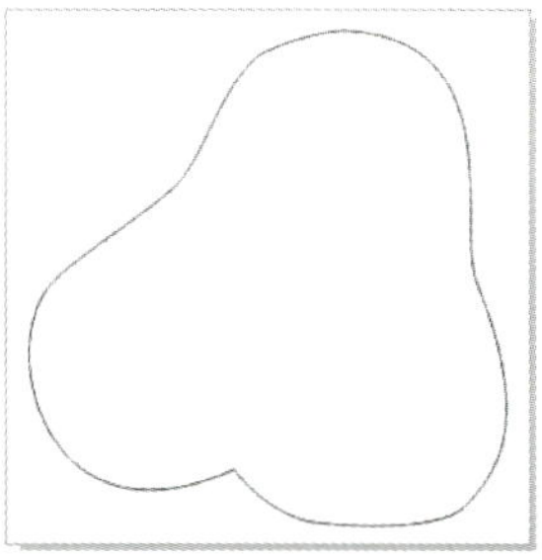

图 6–1　斑点狗头部造型

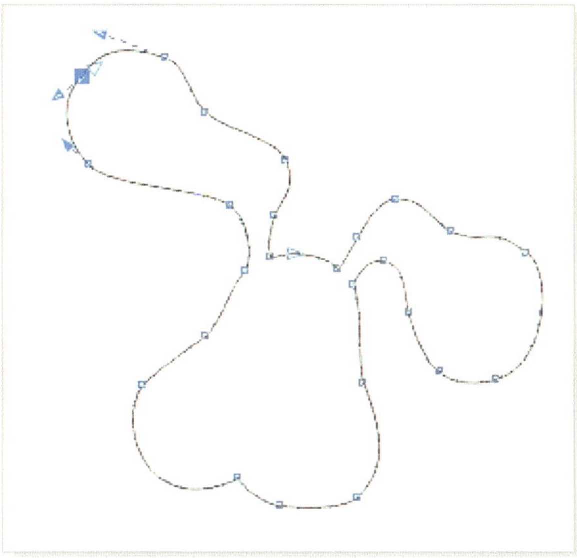

图 6-2　绘制耳朵

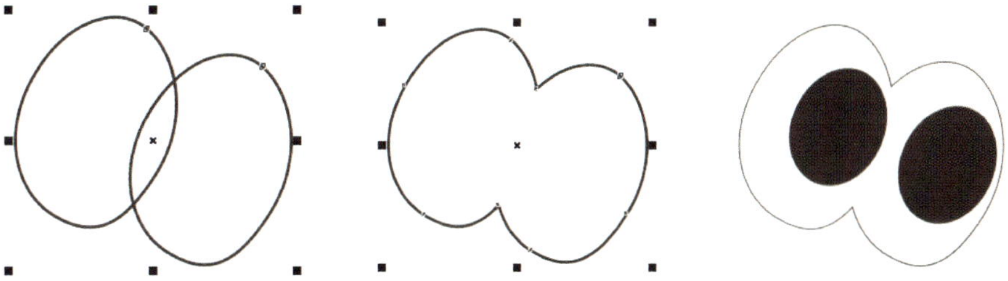

图 6-3　眼睛绘制流程

（6）绘制鼻子、舌头和下巴。方法如上，同样使用【椭圆工具】、【转换为曲线】后利用【形状工具】编辑成下图形状。同时用【椭圆工具】编辑小狗鼻子的两个高光，如图 6-4 所示。

图 6-4　绘制鼻子、舌头和下巴

（7）脚掌的绘制。单击【椭圆工具】，绘制 5 个椭圆形，排列如下图，使用【转换为曲线】工具 后全选，单击属性栏中【合并】按钮 ，得到脚掌轮廓，再绘制一个椭圆，修改成肉垫。其他三只脚掌绘制方法相同，绘制流程如图 6-5 所示。

图 6-5　脚掌绘制流程

（8）身体的绘制。使用【椭圆工具】结合【矩形工具】，点击【转变成曲线】 后，利用【形状工具】 编辑成如图 6-6 所示的形状。

图 6-6　绘制身体

（9）填色。单击【交互式填充工具】，选择【均匀填充】，小狗身体的颜色的 CMYK 值为 64、5、16、0。鼻子、脚掌肉垫颜色的 CMYK 值为 92、89、21、3。眼白和鼻子高光颜色的 CMYK 值为 0、0、0、0。舌头颜色的 CMYK 值为 0、100、100、0。眼球、背景颜色的 CMYK 值为 0、0、0、100。通过填充颜色，结合【Ctrl + Page Down 键】调整前后关系，如图 6-7 所示。

（10）使用步骤（7）的方法，在页面空白处绘制脚掌形状并复制，丰富画面空间。颜色 CMYK 数值为 100、0、0、0。

图 6-7 填色

（11）添加阴影，增加立体感。选中小狗的头部，单击【投影工具】，从头部上方向下拖动，使脖子的位置有明显的进深感。脚掌、眼睛、鼻子身体同理添加阴影效果。阴影效果如图 6-8 所示，点选小狗去轮廓 ☒。

（12）绘制身体斑点。在头部靠近耳朵处绘制一个椭圆，如图 6-9 所示添加颜色 CMYK 值分别为 77、25、20、0。

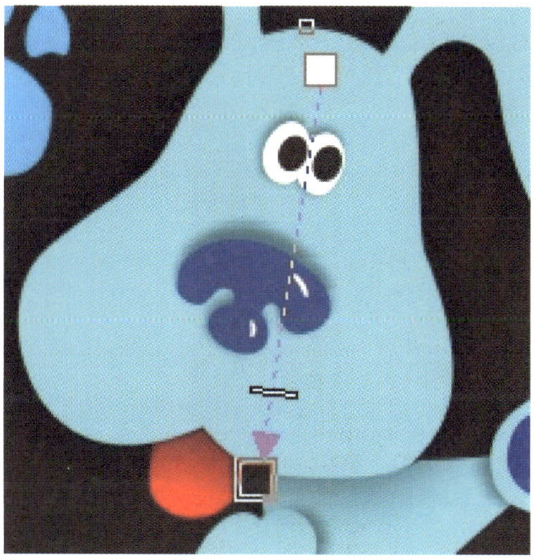

图 6-8 添加阴影

图 6-9 绘制身体斑点

（13）椭圆在默认颜色栏上方，在 ☒ 处点击鼠标右键去轮廓。单击菜单栏上的【对象】按钮，在下拉列表中【PowerClip】选择【置于图文框内部】，如图 6-10（a）。

当鼠标变成黑色尖头时，单击小狗头部，形成如图 6–10（b）所示的效果图。其他部位的斑点均按此方法绘制。整体绘制完成的效果如图 6–11 所示。

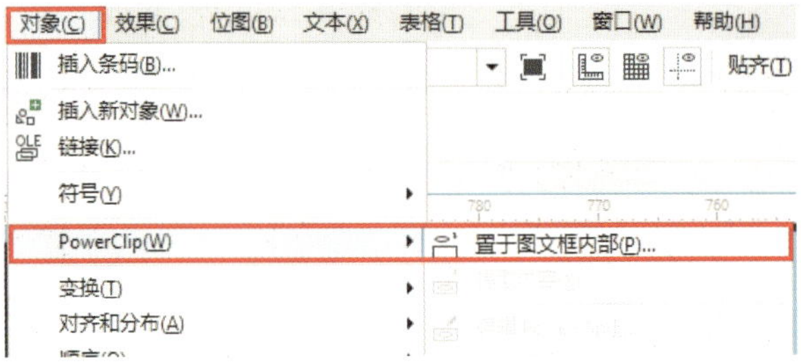

(a)

(b)

图 6–10　斑点效果

图 6–11　整体效果

小贴士

将对象置于图文框内部的方法

绘制一个封闭图形，导入一个图形文件，保持导入对象的选中状态，执行菜单栏中的【对象】|【PowerClip】|【置于图文框内部】命令，这时光标变为黑色粗箭头形状，单击上一步绘制的图形，即可将所选对象置于该图形中。

当放置在图文框中的对象比图文框大时，对象将被剪裁以适应图文框。此外，作为精确剪裁的图文框对象，必须是封闭的路径对象，如美工文本、矩形等。通过将一个图框精确剪裁对象放置到另一个图框精确剪裁对象中产生嵌套的图框精确剪裁对象，可以创建更为复杂的图框精确剪裁对象。用户也可以将一个图框精确剪裁对象的内容复制到另一个图框精确剪裁对象中。

思考与练习

1. 设计并制作一款蝶恋花插画。

2. 设计并制作一款音响潮流插画。

第七章

包装设计

章节导读

- CD 包装设计
- 茶叶包装设计

第一节 CD 包装设计

CD 包装设计步骤如下。

（1）启动软件，创建新文档，在弹出对话框中将【宽度】、【高度】均设置为 200mm。【原色模式】设置为“CMYK”，【渲染分辨率】设置为“300dpi”，点击【确定】按钮，建立新建文档，如图 7–1 所示。

（2）双击【矩形】工具，绘制和图幅等大的矩形。填充 50% 黑色，CMYK 数值为 0、0、0、50，作为背景颜色。单击【矩形】工具，按住【Ctrl 键】，建立长、宽均为 140mm 的矩形，作为 CD 封套。单击【椭圆形工具】，按住【Ctrl 键】，建立直径为 118mm 的正圆形作为 CD 的图形。选中圆形，按住【Shift 键】向内建立一个直径为 22mm 的圆形，单击鼠标右键完成复制。用此种方法绘制的圆为同心圆，如图 7–2 所示。相同方法绘制同心正圆直径为 15mm，为光盘内孔。

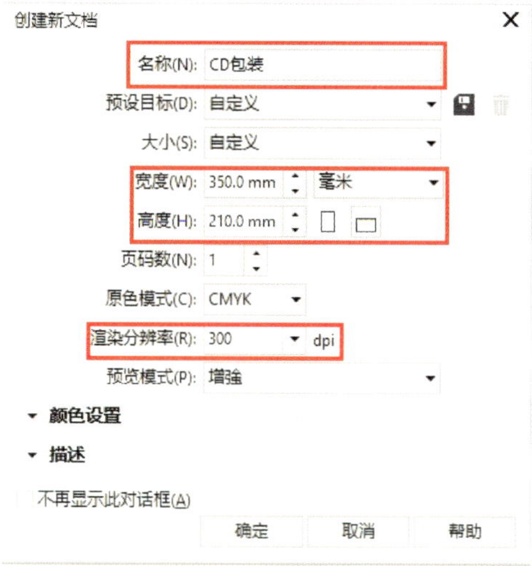

图 7-1　创建新文档

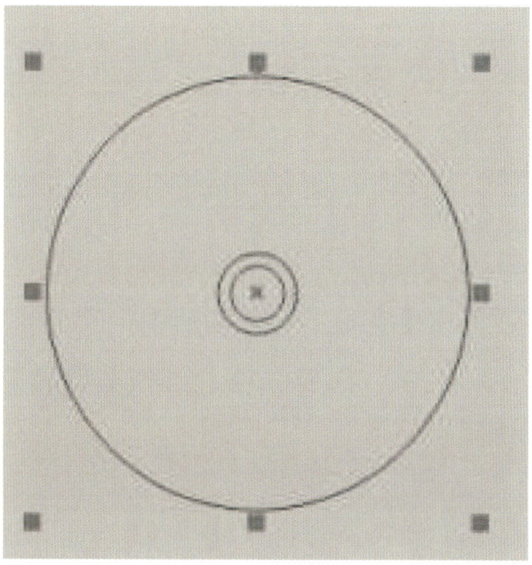

图 7-2　绘制同心圆

（3）点选大圆，填充白色。按【Ctrl 键】加选中圆，单击属性栏中【移除前面对象】按钮，得到剪切后的光盘。如图 7-3 所示。

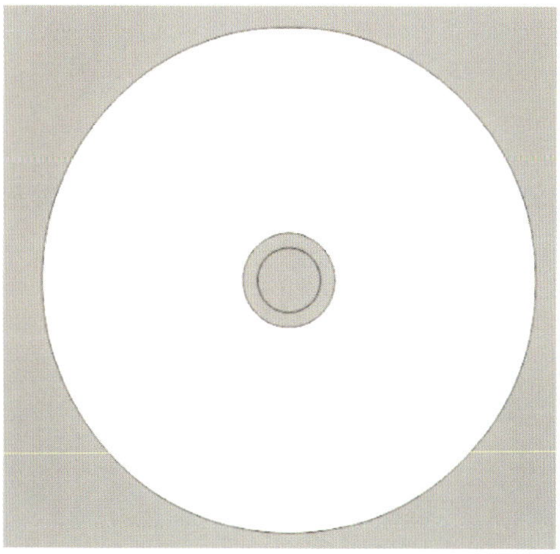

图 7-3　剪切后的光盘

（4）音符的制作。点击【椭圆工具】绘制椭圆，双击所绘制的椭圆，完成符头的绘制。点击【矩形工具】绘制长、宽分别为 0.3mm、5mm 的矩形。点选菜单栏中的【对象】在下拉菜单中点选【变换】，在列表中点选【倾斜】，如图 7–4（a）所示。这时在工具栏右侧会打开【变换】命令的对话框，如图 7–4（b）所示，在【X】数值栏中填写 –5.0，得到倾斜的符尾。

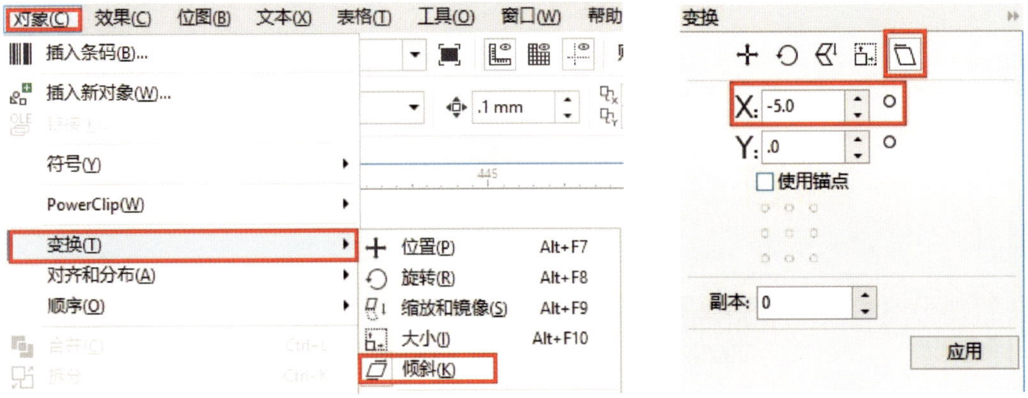

(a)　　(b)

图 7–4　打开【变换】命令对话框

（5）调整符头和符尾，移动到合适位置，单击属性栏中的【合并】命令，完成一个整体音符的制作。单击【交互式填充工具】中的【渐变填充】，在渐变色中填选橙色（CMYK 值为 0、60、100、0）到绿色（CMYK 值为 100、0、100、0），完成一个基本音符的制作，如图 7–5 所示。

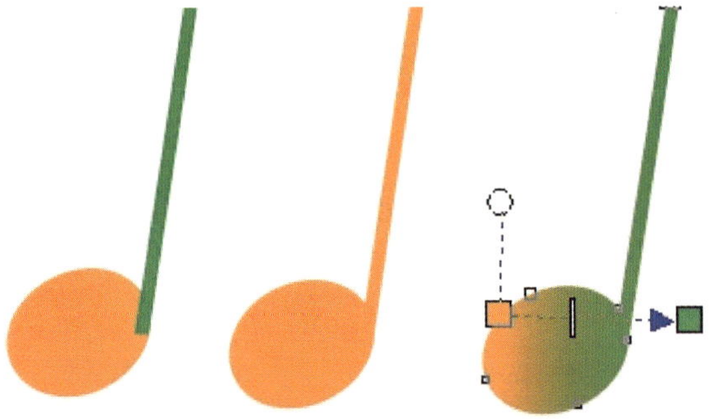

图 7–5　基本音符的制作

（6）通过对上图基本型的复制调整，可以得到多个音符符号，如图 7–6 所示。音符的颜色可根据个人喜好进行调整。

图 7–6　基本型的复制调整

（7）将这些音符在光盘和封套内排出韵律的形状。单击工具栏中的【阴影工具】，拖动得到封套和光盘的投影。在工具栏中单击【文字工具】在封套上输入汉字“音”，设置字体为“王汉宗粗综艺简”，也可用别的字体代替，字号为“60pt”。字体颜色 CMYK 值为 0、100、100、0。单击属性栏中的【对齐工具】按钮，点选【水平居中对齐】，将文字和物体水平居中对齐。效果如图 7-7 所示。

图 7-7　排列效果图

（8）制作封套口。单击工具栏中的【矩形工具】，绘制长、宽均为 50mm 的矩形。选中矩形，单击工具栏中的【形状工具】，移动鼠标到矩形顶角的位置，按下鼠标左键向右拖动鼠标，则矩形为倒角矩形。单击工具栏中的【交互式填充工具】点选【渐变填充】，填充颜色为灰到白色渐变。灰色 CMYK 值为 0、0、0、80。单击【矩形工具】在灰色块上方，长、宽分别为 45mm、80mm。选择这两个物体，单击属性栏中的【合并】命令下的【移除前面】按钮，得到图 7-8 所示图形。

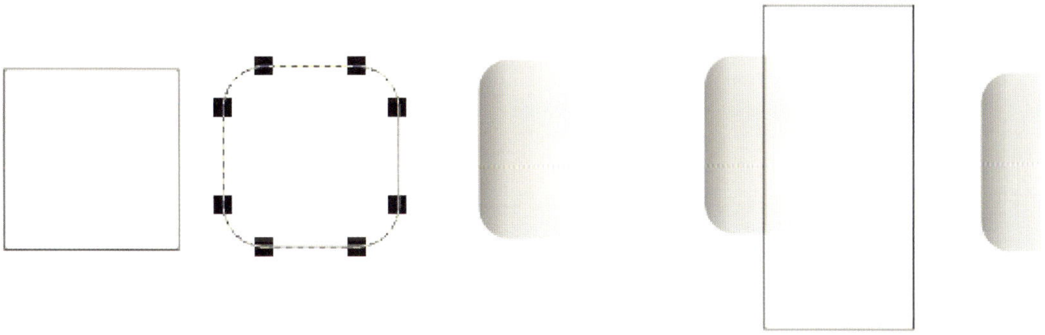
图 7-8　制作封套口

（9）将封口移至封套边缘，完成整体制作，效果如图 7-9 所示。

图 7-9　CD 包装设计效果图

第二节　茶叶包装设计

一、手提袋设计

手提袋设计步骤如下。

（1）启动软件，按【Ctrl + N 键】新建一个空白文档，长、宽分别为 350mm、210mm，单击【确定】按钮，完成创建。

（2）单击工具栏中的【矩形工具】，建立长、宽分别为 80mm、120mm 的矩形。点击属性栏中的【转换为曲线】按钮，将矩形转变为可编辑曲线。单击工具栏中的【形状工具】在线框上添加节点，调整节点，如图 7-10 所示。

图 7-10　创建新文档

（3）单击工具栏中的【交互式填充工具】，在属性栏中点选【均匀填充】。所填充红色 CMYK 值为 0、100、100、0。

（4）单击工具栏中的【矩形工具】在图形左边绘制一个长、宽分别为 14mm、120mm 的矩形，点击属性栏中的【转换为曲线】按钮，将矩形转变为可编辑曲线。单击工具栏中的【形状工具】在线框上添加节点，调整节点如图 7–11 所示，得到包装袋的侧边。

（5）单击工具栏中的【矩形工具】在图形左边绘制一个比侧边稍大些的矩形，位置如图 7–12 所示。同时选中侧边和新建的矩形单击属性栏中的【相交】按钮，删除多余矩形。两个立边分别填充颜色 CMYK 值为 0、60、80、20 和 0、60、80、0。

图 7–11　调整节点

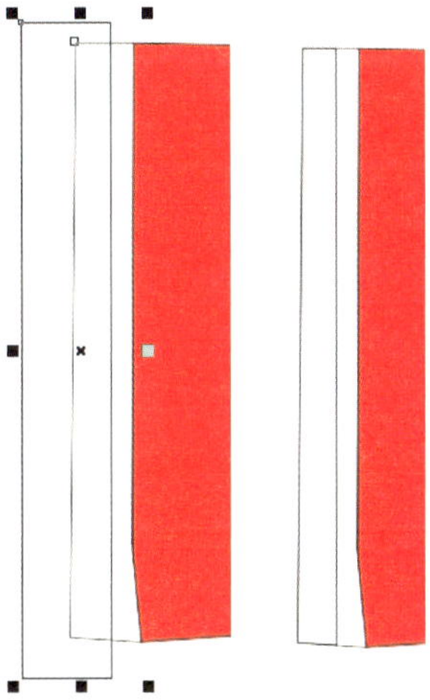

图 7–12　绘制稍大矩形

（6）单击工具栏中【多边形工具】，在属性栏中【点数或边数】改为“3”，建立一个三角形。单击属性栏中的【转换为曲线】按钮，将矩形转变为可编辑曲线。单击工具栏中的【形状工具】在线框上调整节点，填充颜色 CMYK 值为 0、40、80、0，效果如图 7–13 所示。

图 7–13　调整节点并填充颜色

（7）单击菜单栏中的【文件】，在下拉菜单中点选【导入】。在页面中单击鼠标左键，导入图 7–14 所示的两个图形。图 7–14（a）颜色 CMYK 值为 0、100、100、0，图 7–14（b）颜色 CMYK 值为 0、60、80、20。

(a)　　　　(b)

图 7–14　图形效果

（8）单击【矩形工具】，绘制长、宽分别为 17mm、50mm 的矩形。填充颜色 CMYK 值为 0、40、80、0。将导入图形，放置位置如图 7–15 所示。单击【文本工具】，输入文字“上等红茶”，字体为“文鼎 CS 行楷繁”，字号为“24pt”。选中字体和图形，单击属性栏中的【对齐与分布】，分别点选【水平居中对齐】和【垂直居中对齐】。

（9）单击菜单栏中的【文件】，在下拉菜单中点选【导入】。在页面中单击鼠标左键，导入 7–16（a）所示图形。填充颜色 CMYK 值为 0、60、80、0。单击【矩形工具】，建立一个长、宽分别为 30mm、36mm 的矩形。选中该矩形，按住【Shift 键】向内拖动鼠标，建立长、宽分别为 28mm、34mm 的矩形。矩形填充颜色 CMYK 值为 0、60、80、0，内部矩形填充颜色 CMYK 值为 0、0、0、100。将导入图形移至矩形内，效果如图 7–16（b）所示。

图 7–15　导入图形与文字

(a)　　　　　　　　　　　　　　(b)

图 7-16　将导入图形移至矩形内

（10）将步骤（9）制作的图形和文字置于步骤（8）之上，选中标签，单击鼠标右键，在下拉菜单中点选【组合对象】按钮，完成标签制作，效果如图 7-17 所示。

图 7-17　标签效果图

（11）袋绳的绘制。单击【椭圆工具】建立椭圆。选中椭圆，按住键盘上的【Shift 键】，向内拖动至合适位置，单击鼠标右键，复制一个椭圆。单击属性栏中的【移除前面对象】按钮，将图形变成环状。单击【矩形工具】在椭圆下部建立矩形。单击属性栏中的【移除前面对象】按钮，修建为手提袋绳子形状，如图 7-18 所示。

（12）填充颜色 CMYK 值为 0、60、60、40。单击工具栏中的【艺术笔工具】绘制图 7-19（b）中线条，作为绳子的受光面。调整属性栏中的【笔触宽度】为合适大小，移动至图 7-19（c）位置。完成手提袋绳子制作，并复制一个。

（13）将步骤（10）和步骤（12）所制作的图形进行调整，放置到手提袋上，然后去除轮廓线，效果如图 7-20 所示。

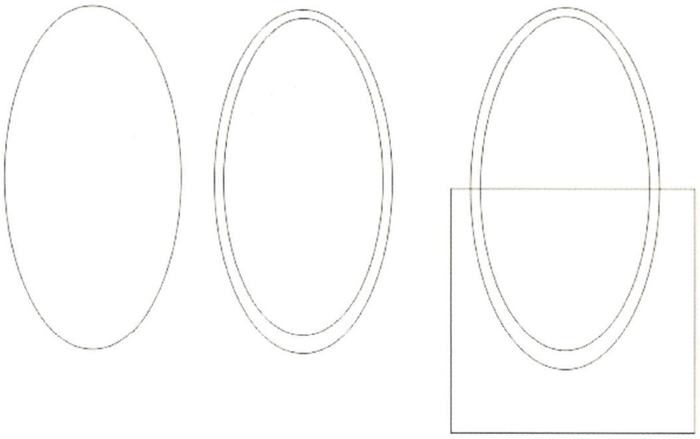

图 7-18　袋绳的绘制

(a)　(b)　(c)

图 7-19　手提袋绳子制作

图 7-20　手提袋效果图

二、茶叶盒的设计

茶叶盒设计步骤如下。

（1）单击【矩形工具】制作长、宽分别为 80mm、100mm 的矩形。单击属性栏中的【转换为曲线】按钮，结合工具栏中的【形状工具】，调整矩形为如图 7–21 所示的透视平面。向下复制该平面，为绘制立体盒子做准备。

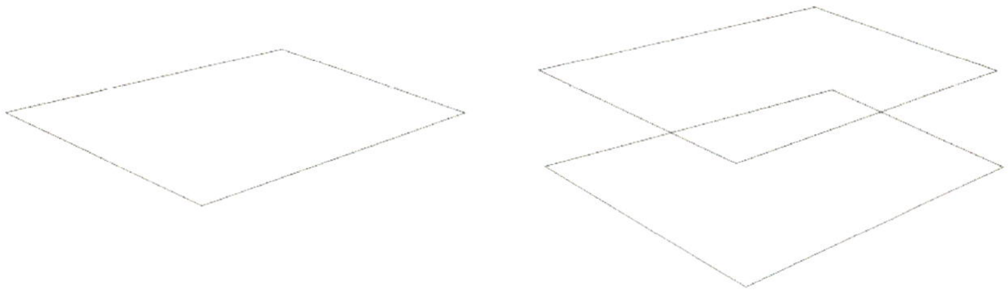

图 7–21　带有透视的平面

（2）单击【矩形工具】，重复步骤（1），绘制出茶叶盒的两个立面，如图 7–22 所示。

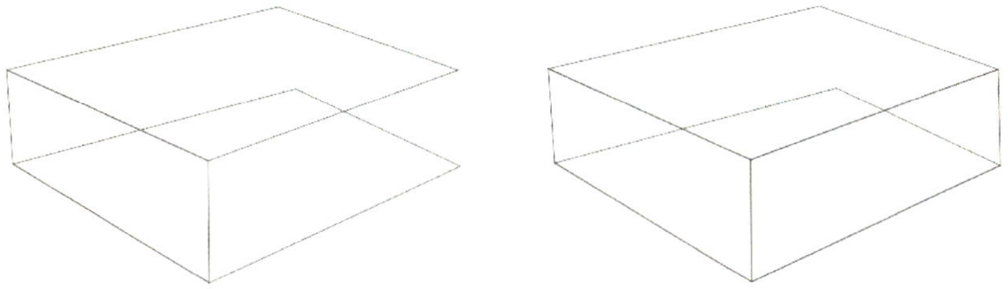

图 7–22　绘制茶叶盒立面

（3）删除底面，在顶面中填颜色，如图 7–23 所示，CMYK 值为 0、100、100、0。

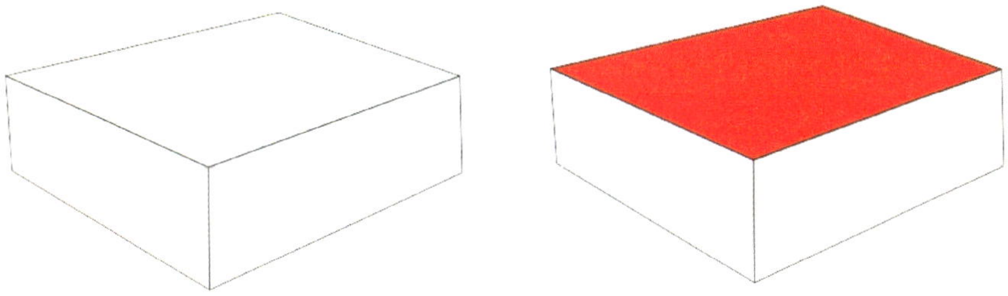

图 7–23　顶面填充颜色

（4）单击左侧立面，按住键盘上的【Shift 键】，向内建立矩形。移动调节至图 7–24 所示形式，建立内部盒体。单击右侧立面，拖动鼠标移动并单击右键，复制一个等大的右立面。单击工具栏中的【形状工具】，调整矩形为图 7–24 所示位置。创建盒盖口，填充颜色 CMYK 值为 0、60、80、0。为左侧内盒立面填充颜色，CMYK 值为 0、0、0、100。将其他面填充颜色，CMYK 值为 0、100、100、0。茶叶盒体创建完毕，效果如图 7–24 所示。

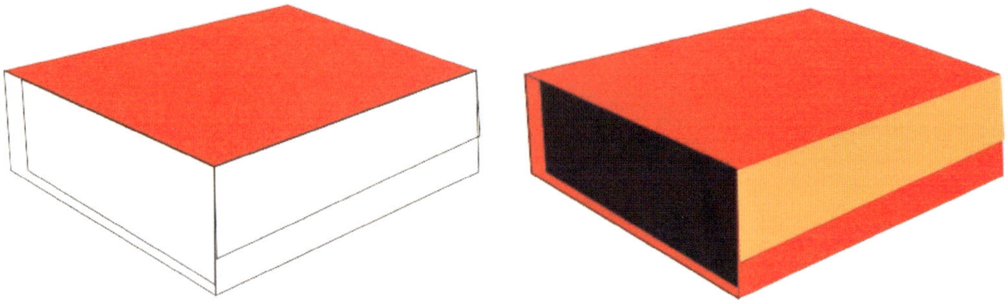

图 7-24　茶叶盒体效果

（5）找到茶叶手提袋中绘制的标签，单击工具栏中的【封套工具】，并结合属性栏中的【删除节点】按钮和【变换为线条】按钮，调整为图 7-25 所示造型。

图 7-25　调整标签造型

（6）将调整好的标签移至绘制完成的茶叶盒体上。导入图 7-26（a）所示图案。单击工具栏中的【封套工具】，并结合属性栏中的【删除节点】按钮和【变换为线条】按钮，调整为符合右侧立面透视的造型。移至右侧立面位置，整体调整为图 7-26（b）所示效果，完成茶叶盒的绘制。

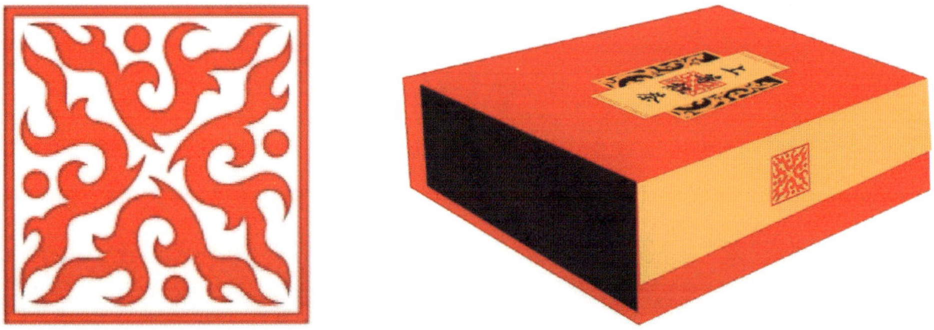

(a)　　(b)

图 7-26　茶叶盒体效果图

小贴士

【添加节点】的方法

选择要添加节点的曲线图形后，单击【工具箱】中的【形状工具】按钮，在图形上需要添加节点的位置处单击，然后在属性栏中单击【添加节点】按钮，即可在指定的位置添加一个新的节点。也可以直接使用【形状工具】在曲线上需要添加节点的位置双击鼠标。

如果所选曲线需要添加多个节点，除了使用上述方法逐个添加外，还可以使用【形状工具】选择多个节点，单击其属性栏中的【添加节点】按钮，即可在每个处于选中状态的节点前添加一个新的节点。

思考与练习

1. 设计并制作一款蓝风车 CD 包装。

2. 设计并制作一款“海之福”海参包装礼盒。

3. 设计并制作一款红酒包装。

第八章

封面设计

章节导读

■ 封面设计——月亮上的秘密

封面设计步骤如下。

（1）启动软件，新建文档“月亮上的秘密”，宽度为450.0mm，高度为240.0mm，横幅。【原色模式】为“CMYK”。【渲染分辨率】为“300dpi”。设置页面如图 8–1 所示。

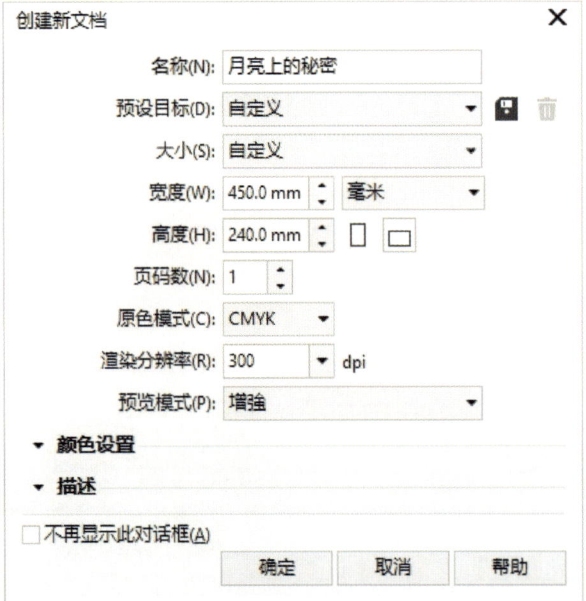

图 8–1　新建文档

（2）双击工具栏中的【矩形工具】建立和页面等大的矩形。单击工具栏中的【网状填充工具】，在属性栏中设置列数为“4”，行数为“2”，点击节点位置，填充颜色 CMYK 值为 100、100、0、0，如图 8–2 所示。

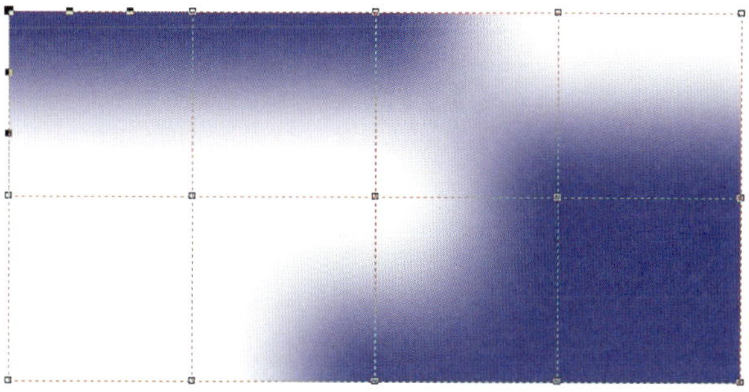

图 8–2　填充颜色

（3）点击剩余节点分别填充颜色 CMYK 值为 100、0、0、0。封面底色完成，如图 8–3 所示。

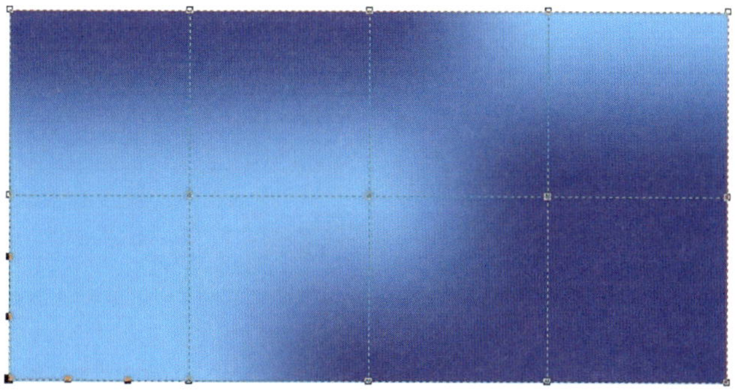

图 8–3　完成封面底色

（4）将鼠标移至左侧标尺位置，则鼠标指针变为白色，拖动鼠标拉出辅助线，位置分别为 220mm 处和 230mm 处。如图 8–4 所示，右侧为书籍封面，左侧为封底，两条辅助线中间区域为书脊区域。单击工具栏中的矩形工具，在两条辅助线中间绘制一个长、宽分别为 9.8mm、240mm 的矩形。点击鼠标右键单击颜色栏，将边框填色，CMYK 值为 0、0、0、10，作为书脊轮廓。

图 8–4　拉出辅助线

（5）点击工具栏中的【椭圆形工具】，建立长 200mm、宽 180mm 的椭圆，移动至图 8-5 所示位置，单击鼠标左键完成复制。选中这两个椭圆，点击属性栏中的【移除前面对象】按钮，完成剪切，得到月亮图形。去除轮廓线，填充颜色 CMYK 值为 36、77、0、0。

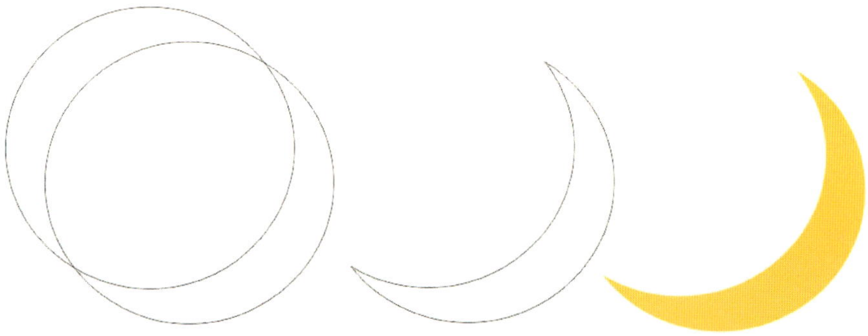

图 8-5　绘制月亮图形

（6）单击工具栏中的【椭圆工具】，在页面中绘制 1 个长、宽分别为 13mm、26mm 的椭圆形。单击属性栏中的【移除前面对象】，剪切为月亮嘴的形状，如图 8-6 所示。再绘制一个椭圆，长宽分别为 30mm、27mm。点击属性栏中的【相交】，得到如图 8-7 所示形状，填充颜色 CMYK 值为 5、100、100、0，为月亮舌头的颜色。

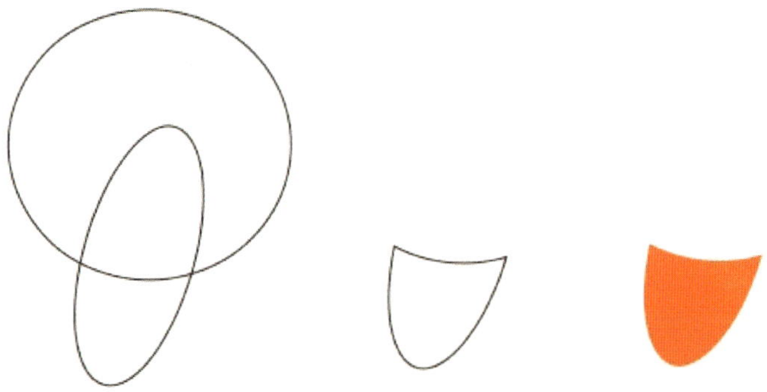

图 8-6　剪切月亮嘴的形状

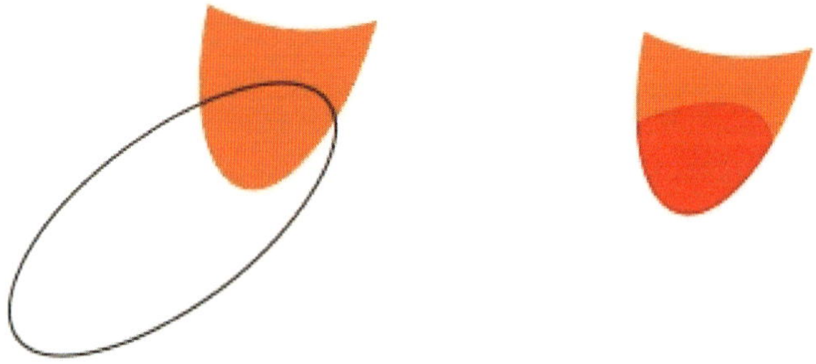

图 8-7　绘制月亮舌头的形状

（7）云朵的绘制。单击工具栏中的【椭圆工具】，在页面中绘制多个椭圆形。选中所绘制椭圆，点击属性栏中的【合并】按钮，完成剪切，得到如图 8-8 所示的云朵图形。

图 8-8　云朵的绘制

（8）点击【椭圆工具】，设置长、宽分别为 5.7mm、12mm。再创建一个椭圆，长、宽分别为 5mm、12mm。选中这两个椭圆，点击属性栏中的【移除前面对象】按钮，得到图 8-9 所示图形。填充颜色 CMYK 值为 46、99、100、21，得到月亮眼睛的形状。

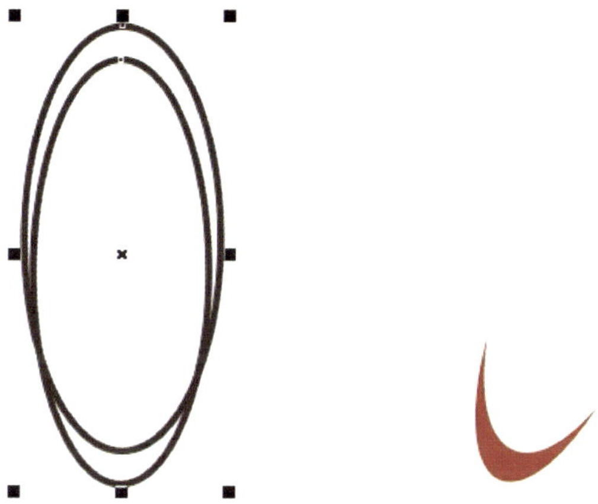

图 8-9　绘制月亮眼睛

（9）将上图所作图形移至页面中，调整位置如图 8-10 所示。

图 8-10　将图形移至页面

（10）绘制月亮的红脸蛋。单击工具栏中的【椭圆工具】按钮，绘制两个圆，直径为 6mm。点选靠近月亮边缘的圆形。点击【Shift 键】加选月亮图形，单击属性栏中的【相交】按钮，删除圆形，得到修建过的圆形，填充颜色 CMYK 值为 2、80、100、0。如图 8-11 所示。

图 8-11 绘制月亮的红脸蛋

（11）绘制小女孩。单击工具栏中的【绘制椭圆】按钮，绘制一个宽为 30mm、高为 26mm 的椭圆。再绘制一个长、宽分别为 51mm、45mm 的矩形，并进行调整。选中椭圆和矩形，点击属性栏中的【相交】按钮删除矩形，得到小女孩头部和脸部的形状。脸部填充颜色 CMYK 值为 0、40、20、0。头发颜色 CMYK 值为 46、99、100、21。点击工具栏中的【艺术笔刷】工具 在属性栏中点选【笔刷】，在属性栏下拉列表中选【书法】，在【笔刷笔触】下拉列表中找到笔触，如图 8-12 所示。笔触宽度设为“5.0mm”，绘制两条小辫子，如图 8-13 所示。

图 8-12 选择笔触

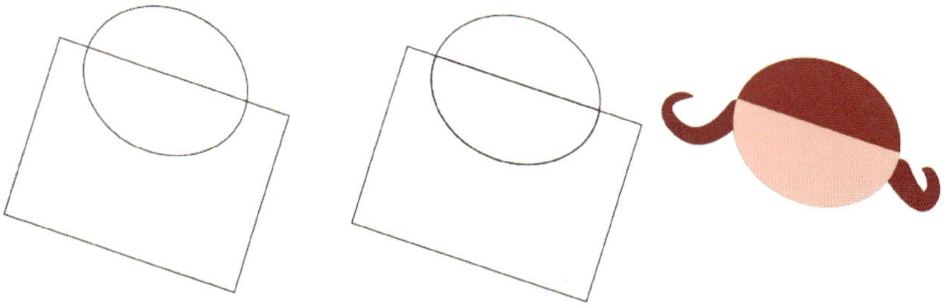

图 8-13 绘制小女孩

（12）蝴蝶结的绘制。点击工具栏中的【矩形工具】，绘制长、宽分别为 23mm、12mm 的矩形。单击工具栏中的【形状工具】，此时矩形四角节点变为黑色节点。拖动一个节点变为倒角矩形，如图 8-14（b）所示。单击属性栏中的【变换为曲线】按钮，转变为曲线。点击工具栏中的【形状工具】，在属性栏中点击【增加节点】按钮在上下中间增加节点并调整节点，如图 8-14（d）所示，完成蝴蝶结绘制。填充颜色 CMYK 值为 0、100、100、0。

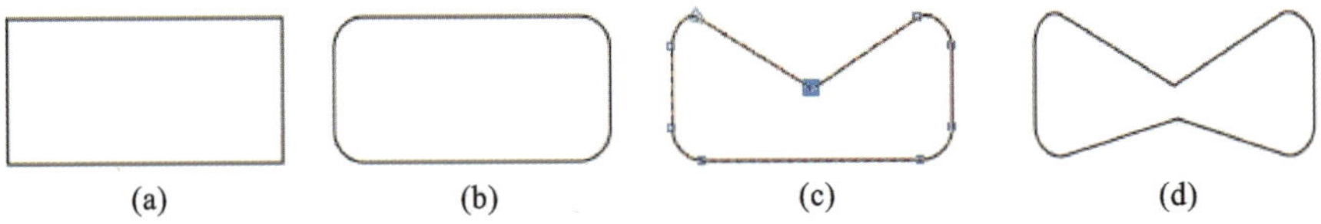

图 8-14 蝴蝶结的绘制

（13）眼睛的绘制。方法如步骤（8），绘制眼睛图形后，点击工具栏中的【形状工具】，单击属性栏中的【增加节点】按钮在下部分增加节点，并调节节点，做出睫毛的形状，如图 8–15 所示。

（14）用步骤（8）的方法绘制出小女孩的嘴。单击工具栏中的【椭圆工具】，绘制两个直径为 6mm 的圆形为小女孩可爱的脸蛋，如图 8–16 所示。

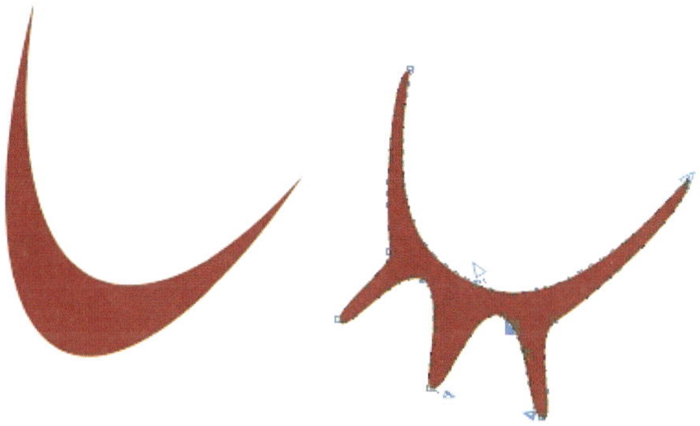

图 8–15 眼睛的绘制

图 8–16 小女孩的脸蛋

（15）选中其中一个圆形，点击工具栏中的【对象】按钮，在下拉列表中点选【造型】，在弹出的对话框下拉菜单中选中【相交】并勾选【保留原目标对象】，单击【相交对象】按钮，如图 8–17（a）所示，将鼠标移动到脸庞位置并单击，如图 8–17（b）所示。填充颜色 CMYK 值为 0、80、100、0。另外一侧方法相同，得到图 8–17（c）所示的效果。最后将小女孩移动至月亮上的云朵旁边。

(a) (b) (c)

图 8–17 完善小女孩脸蛋过程

（16）绘制星星。点击工具栏中的【星形工具】，绘制星形作为背景图案。点击工具栏中的【形状工具】按钮，调节星星的形状，尺寸可自行设定。点选云朵图案，移动至封底位置，单击鼠标右键，完成复制，调整大小，旋转至合适位置，效果如图 8–18 所示。

（17）点击工具栏中的【文本工具】，在封面中输入“月亮上的秘密”。字体为“华文琥珀”，字号为“48pt”，颜色为白色，CMYK 值为 0、0、0、0。移动至封面的上半部分，效果如图 8–19 所示。

图 8-18　绘制星星

图 8-19　添加文字

（18）点击工具栏中的【文本工具】，在封面中输入“少儿美术出版社”。字体为“黑体”，字号为“18pt”，颜色为黑色，CMYK 值为 0、0、0、100。移动至封面的底部，效果如图 8-20 所示。

图 8-20　添加文字

（19）绘制书脊。点击工具栏中的【文本工具】，在书脊的位置输入“月亮上的秘密”。字体为“华文琥珀”，字号为“20pt”，颜色为白色。在书脊底部用同样的方法创建文字“少儿美术出版社”，字体为“黑体”，颜色为黑色，字号为“20pt”，位置如图 8-21 所示。

（20）点击工具栏中的【字体工具】按钮，在封底位置输入“这是一本小朋友们喜欢的书籍，这本书将带你探索月亮上的秘密”。字体为“黑体”，字号为“20pt”，颜色为黑色。在属性栏中点选【文本对齐】按钮，在下拉列表中点选【居中对齐】，如图 8–22 所示。完成文字输入，移动至封底的合适位置，如图 8–23 所示。

图 8–21　绘制书脊

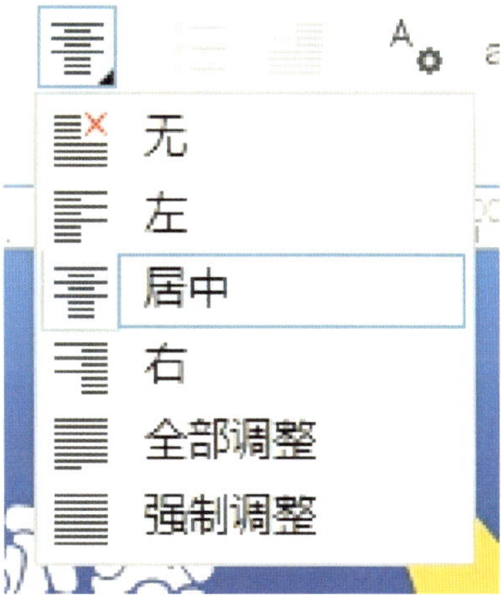

图 8–22　输入封底文字

图 8–23　封底制作

（21）单击工具栏中的【矩形工具】，建立一个与封面等大的矩形，长、宽分别为 219mm、240mm。选中整个封面，单击鼠标右键，在下拉列表中点击【组合对象】。单击鼠标右键在下拉列表中点选【PowerClip 内部（p）】，此刻鼠标变为实心黑色箭头。将鼠标移动至前面绘制的和封面等大的矩形上，并点击鼠标左键点选矩形，将封面置入矩形。这时可能得到的图形和封面矩形不合适。单击鼠标右键，在下拉列表中点击【编辑 PowerClip（E）】，将页面中的封面移动到矩形框中的合适位置，单击图 8–24 所示按钮【停止编辑内容】，完成封面编辑，效果如图 8-25 所示。

图 8-24　停止编辑内容

图 8-25　封面编辑效果

（22）双击制作完毕的封面，将鼠标放在封面右中部，向上拖动鼠标完成封面的透视效果，如图 8-26 所示。

图 8-26　封面透视效果

（23）单击工具栏中的【矩形工具】按钮，绘制长、宽分别为9.8mm、240mm的矩形。方法如图8-24。其他步骤同步骤（21）封面编辑，完成书脊编辑，效果如图8-27所示。

（24）双击步骤（23）中绘制完成的书脊，当鼠标变为下图形式，如图8-28所示，把鼠标放置在图的左侧中部，向上拖动鼠标完成书脊透视效果。

图8-27　绘制书脊

图8-28　书脊透视效果

（25）单击工具栏中的【矩形工具】按钮，绘制长、宽分别为218mm、13mm的矩形。双击该矩形，将鼠标放置于上侧并向左拖动鼠标，将图形变为平行四边形，如图8-29所示。

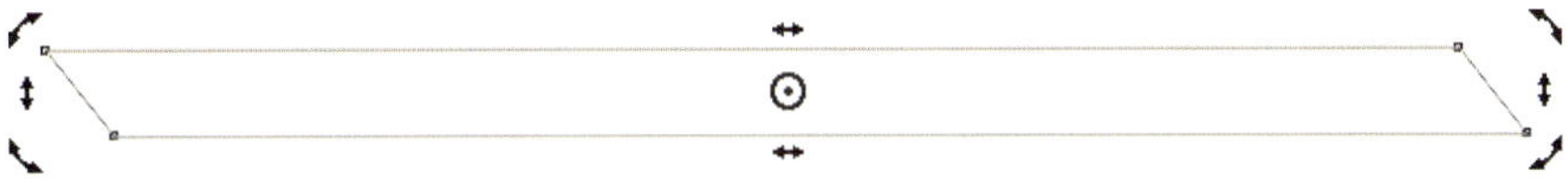

图8-29　绘制平行四边形

（26）双击平行四边形将其变为旋转状态，移动至书顶位置。在步骤（25）中绘制的图形上单击鼠标右键，在下拉列表中点选【转换为曲线】，将矩形变为可编辑形式。点击工具栏中的【形状工具】按钮，拖动交点使图形适合书本的透视，效果如图8-30所示。

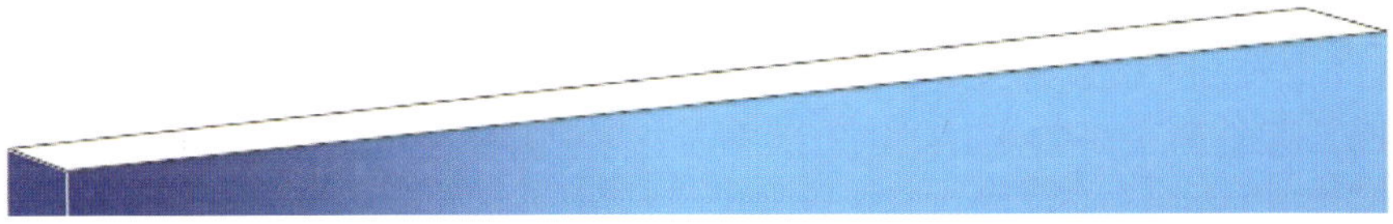

图8-30　书本透视效果

（27）单击上步所绘制的图形，状态为选中。单击工具栏中的【交互式填充工具】按钮。在属性栏中点击【线性填充】按钮，绘制由左向右线性渐变。左侧为白色，右侧填充颜色 CMYK 值为 33、25、24、0，设置如图 8–31 所示。

图 8–31　填充颜色

（28）至此，封面的平面效果和立体效果都制作完毕，效果如图 8–32 所示。

图 8–32　封面设计效果

思考与练习

1. 设计并制作中国剪纸书籍封面。

2. 设计并制作“时尚丽人”杂志封面。

第九章
广告设计

章节导读

- 广告单页设计
- 生日卡片设计
- 招聘广告设计
- 折页广告设计

第一节　广告单页设计

广告单页设计步骤如下。

（1）启动软件，新建 A4 大小的文档，【渲染分辨率】为“300dpi”，如图 9–1 所示。

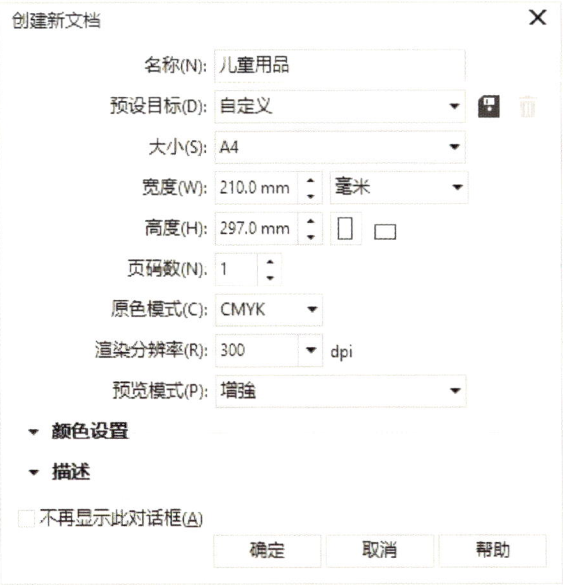

图 9–1　新建文档

（2）双击工具栏中的【矩形工具】，建立与文档等大的矩形。单击工具栏中的【交互式填充工具】为矩形填充渐变颜色，单击属性栏中的【渐变填充】，选择【线性渐变填充】，颜色从上到下为从蓝色到白色渐变，其中蓝色 CMYK 值为 100、0、0、0，如图 9-2 所示。

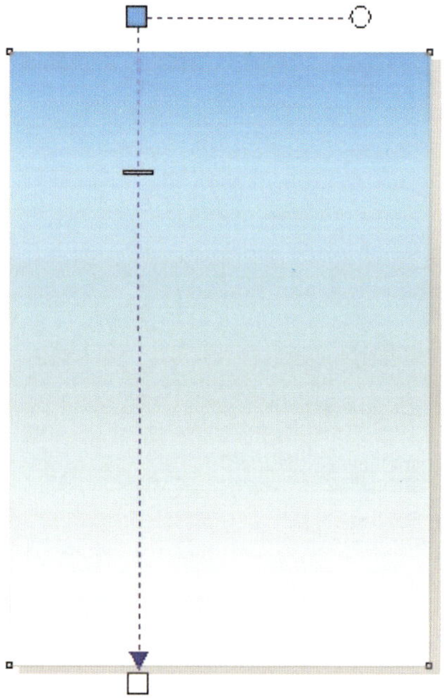

图 9-2　填充颜色

（3）绘制白色云朵。点击工具栏中的【椭圆工具】，在页面中绘制大小不同的椭圆，如图 9-3 所示。选中这些椭圆，单击属性栏中的【合并】按钮，将它们合并为整体云朵的形状。

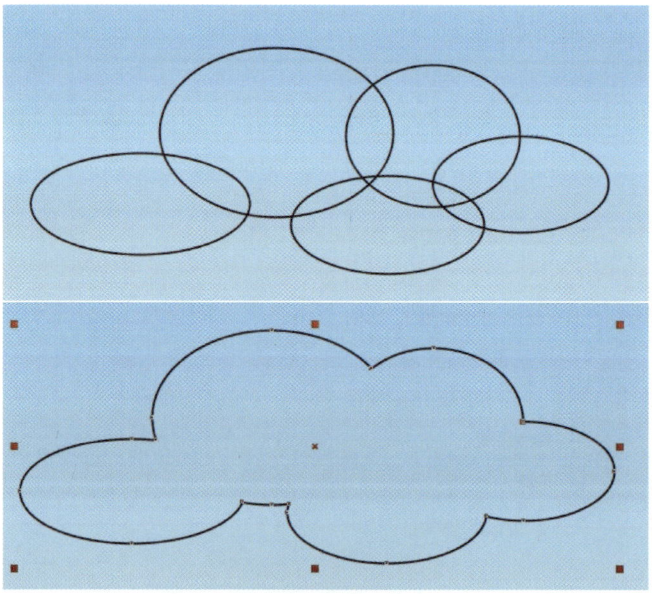

图 9-3　绘制云朵

（4）去掉轮廓线，单击工具栏中的【交互式填充】，点选【渐变填充】，从上到下设置为白色到透明色渐变，其中透明度为 90%，如图 9–4 所示。

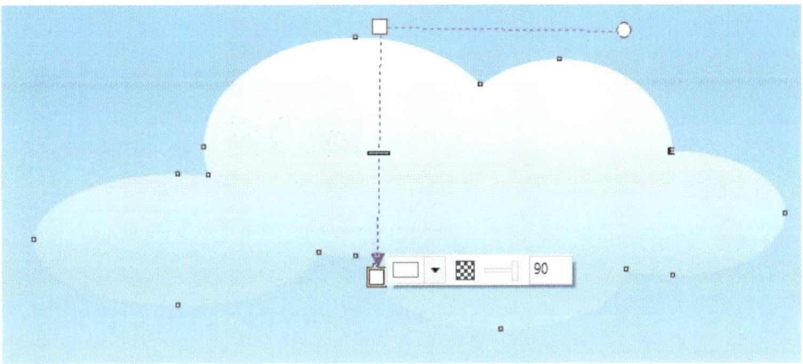

图 9–4　设置渐变色

（5）根据需要复制多个云朵，通过属性栏中的【水平镜像】改变云朵形状，并调整大小，得到多个大小、形状不同的云层，如图 9–5 所示。

图 9–5　云层效果

（6）绘制背景彩虹。单击工具栏中的【椭圆工具】，按住【Ctrl 键】建立一个直径为 185mm 的正圆。填充颜色为红色至透明垂直渐变，效果如图 9–6 所示。

（7）选择刚建立的红色圆，按住【Shift 键】，向内拖动鼠标建立同心正圆，直径为 166mm，填充颜色为黄色至透明色垂直渐变。其中黄色 CMYK 值为 0、0、100、0。使用相同方法，向内建立同心圆，直径为 144mm，填充颜色为从绿色至透明色垂直渐变。其中绿色 CMYK 值为 50、0、100、0。选中三个同心圆和背景页面，单击属性栏中的【水平居中对齐】。彩虹效果如图 9–7 所示。

（8）绘制立体心型。单击工具栏中的【椭圆工具】绘制一个椭圆。单击属性栏中的【转换为曲线】按钮，结合工具栏中的【形状工具】将图形调整为心形，如图 9–8 所示。

图 9-6　绘制背景彩虹

图 9-7　彩虹效果

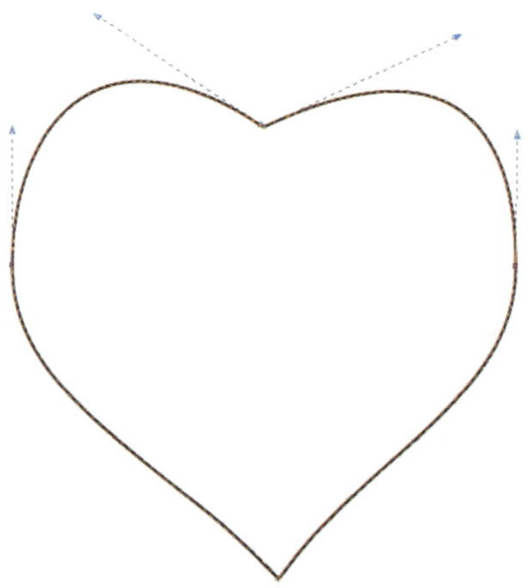

图 9-8　绘制心型

（9）单击工具栏中的【交互式填充工具】点选【渐变式填充】，点选【椭圆渐变填充】，中心为白色，四周颜色的 CMYK 值为 1、62、0、0，如图 9–9 所示。

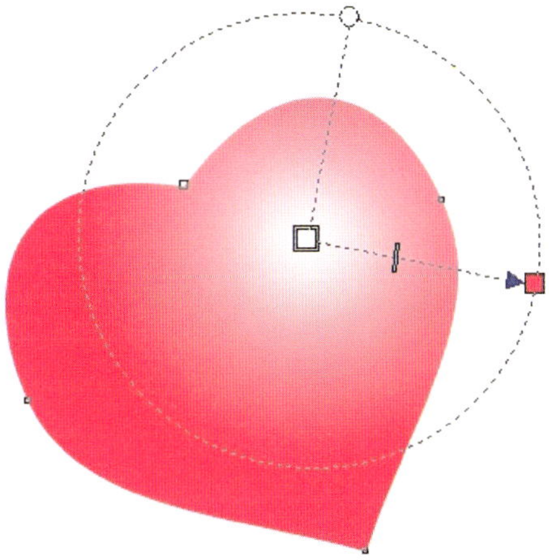

图 9–9　填充颜色

（10）球的绘制。单击工具栏中的【椭圆工具】，按住【Ctrl 键】，拖动鼠标，建立正圆。点击工具栏中的【交互式填充工具】，点选属性栏中的【渐变填充】中的【椭圆渐变填充】，中心为白色，四周颜色的 CMYK 值为 0、40、0、0，完成立体球的绘制，如图 9–10 所示。

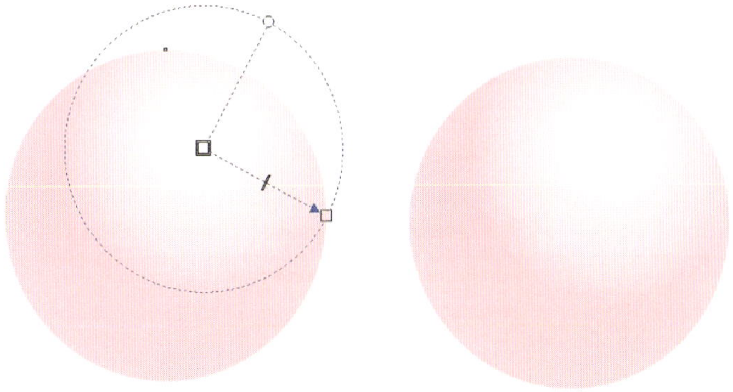

图 9–10　球的绘制

（11）星星制作。点击工具栏中的【多边形工具】，在属性栏中，将【点数或边数】设置为“4”，建立如图 9–11 所示的菱形。点击工具栏中的【形状工具】，拖动直线中间的节点使其变成星星形状。填充白色 CMYK 值为 0、0、0、0，去除轮廓线。完成星星绘制，效果如图 9–11 所示。

（12）主题字的绘制。单击工具栏中的【文本工具】，在页面中输入“六一快乐儿童商品特价”。属性栏中字体为“华文琥珀”，其中“六一快乐”字号为“90pt”，“儿童商品特价”字号为“60pt”。字体颜色 CMYK 值为 0、0、100、0。复制该字体后期用，复制的字体颜色填充 CMYK 值为 0、100、100、0，如图 9–12 所示。

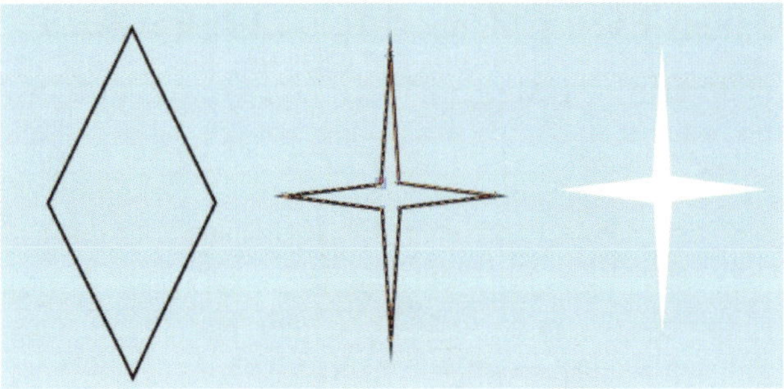

图 9-11　星星制作

图 9-12　主题字的绘制

（13）选择黄色字体，单击工具栏中的【轮廓图工具】，拖动鼠标拉伸，在属性栏中点击【外部轮廓】按钮。【轮廓图步长】设置为“8”，【轮廓图偏移】为“0.5”。外轮廓填充颜色 CMYK 值为 0、100、100、0，如图 9-13（a）所示。效果如图 9-13（b）所示。

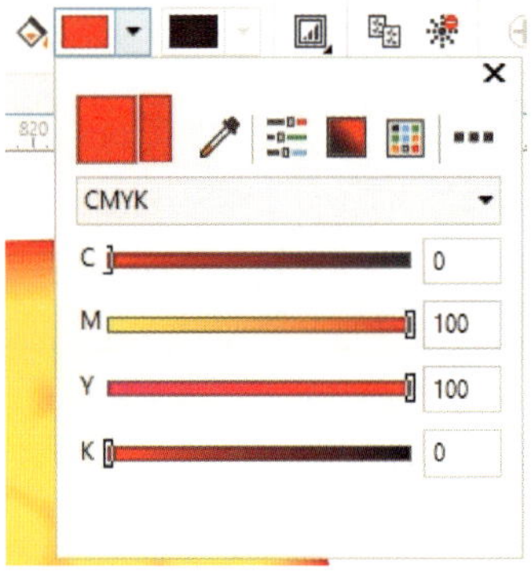

(a)

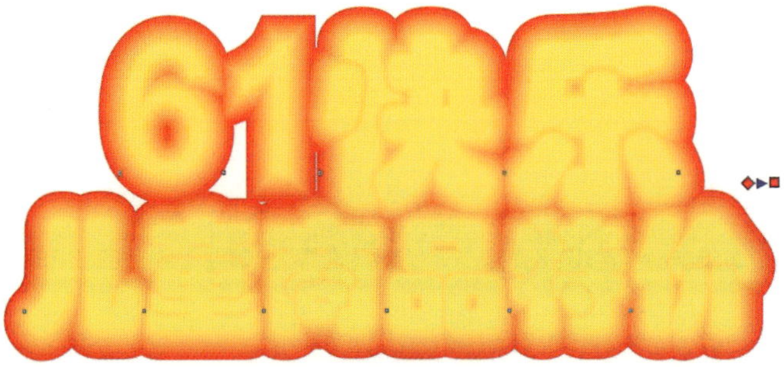

(b)

图 9-13　绘制外部轮廓

（14）将步骤（12）中复制的字体移动到步骤（13）制作完成的轮廓之上，完成主题字的绘制，效果如图 9–14。

图 9–14 主题字效果图

（15）将步骤（8）至步骤（14）所绘制的图形和文字放置在同一页面内，效果如图 9–15 所示。

图 9–15 将绘制的图形放置在页面内

（16）单击工具栏中的【矩形工具】，建立一个长、宽分别为 110mm、25mm 的矩形。点击工具栏中的【形状工具】，四个交点变为黑色实心节点，用鼠标点选其中的节点并拖动，绘制成下图的倒角矩形。去掉边框，填充颜色 CMYK 值为 0、77、0、0。再绘制一个矩形，长、宽分别为 100mm、20mm。用相同的方法倒角，填充垂直渐变颜色。从下向上颜色 CMYK 值为 51、100、49、5。上面颜色 CMYK 值为 9、40、0、0。输入文字，字体为“黑体”，字号为“20pt”，如图 9–16 所示。

图 9–16 添加文本

（17）绘制广告页底部城市楼体。单击【矩形工具】，建立矩形的楼体，单击【多边形工具】将属性栏中的【点数及边数】调整为“3”，绘制三角形放置在楼体之上。选中所绘制的图形，单击属性栏中的【合并】按钮，将图形合并为一体。用相同的方法完成其他楼体造型的绘制，并去除边框，如图 9–17 所示。

图 9–17　绘制底部城市楼体

（18）将步骤（16）、步骤（17）绘制的内容放置到页面中，如图 9–18 所示。

图 9–18　将绘制的内容放入页面

（19）完成字体内容的编排。单击【文字工具】将广告内容输入页面中，调整文字内容居中对齐，选中字体和页面，单击属性栏中的【水平居中对齐】按钮，完成儿童商品广告设计，效果如图 9–19 所示。

图 9–19　广告设计效果图

第二节　生日卡片设计

生日卡片的设计步骤如下。

（1）启动软件，新建一个文档，如图 9–20 所示。

（2）双击工具栏中的【矩形工具】，绘制与页面等大的矩形，填充颜色 CMYK 值为 1、3、7、0。单击工具栏中的【椭圆形工具】，按住【Ctrl 键】并拖动鼠标绘制直径为 220mm 的正圆。单击工具栏中的【形状工具】，移动鼠标，得到 33° 角的扇形。单击属性栏中的【变换为曲线】按钮，单击工具栏中的【形状工具】，将扇形调节为图 9–21 所示形状。

（3）双击修改后的图形，将图形变换为旋转模式，将中心移至扇形中心。单击菜单中的【对象】，在下拉菜单中选择【变换】，在后面列表中选择【旋转】弹出对话框，设置对话框，如图 9–22 所示，单击【应用】按钮，得到步骤（4）所需的图形。

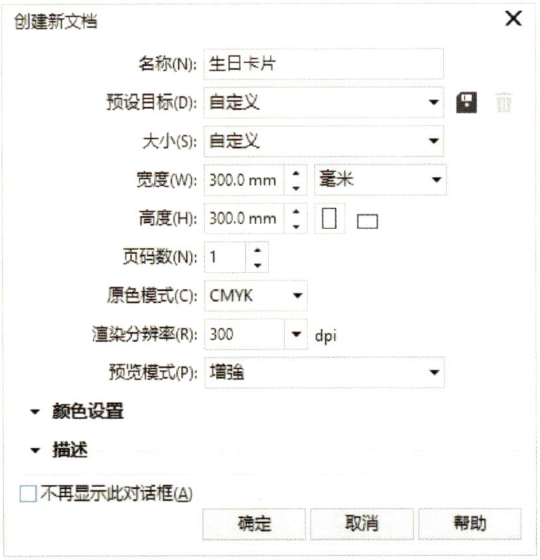

图 9-20　新建文档

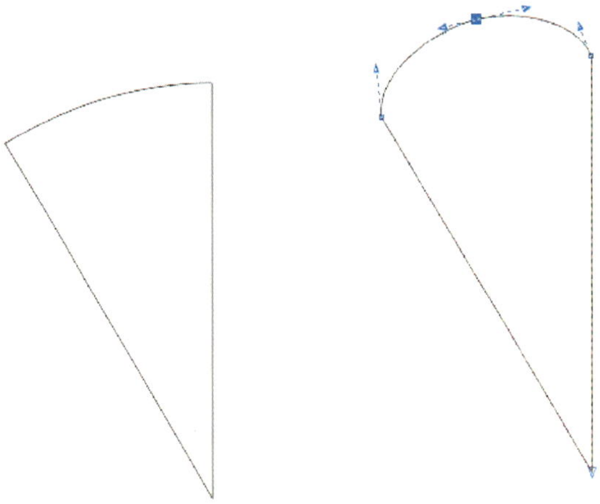

图 9-21　调节扇形

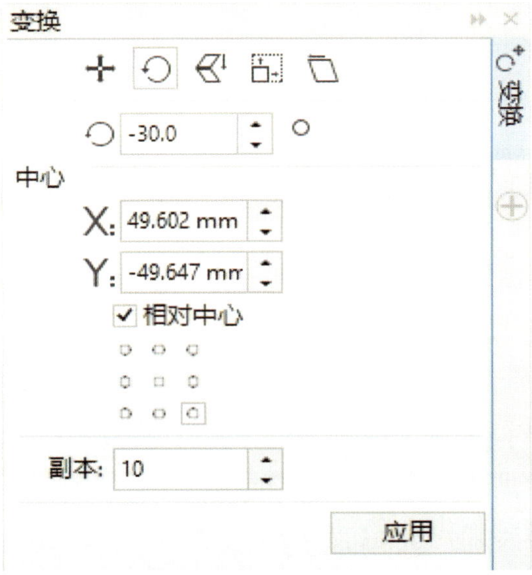

图 9-22　设置参数

（4）选中所有扇形图形，单击属性栏中的【合并】按钮，得到合并图形，如图 9-23 所示。

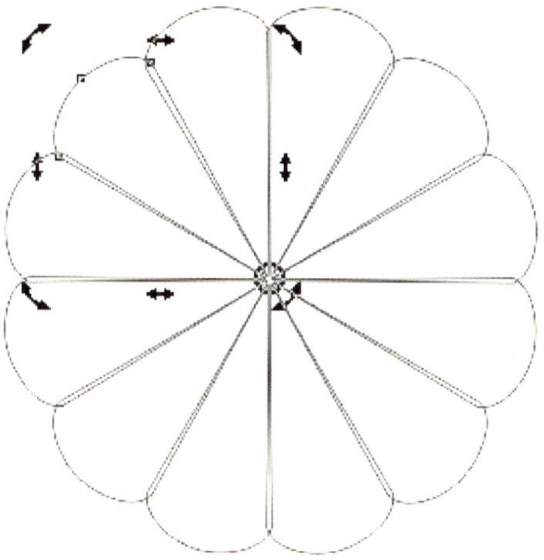

图 9-23　合并图形

（5）按住【Shift 键】向内拖动鼠标，并单击鼠标右键，完成同心复制。重复操作两次，填充颜色 CMYK 值为 20、11、27、0。中间图形颜色为白色，去除边框，移动至页面内。单击属性栏中的【对齐与分布】按钮，在下拉列表中点选【水平居中对齐】和【垂直居中对齐】，得到图 9-24 所示的效果。

图 9-24　效果图

（6）制作底图。单击工具栏中的【椭圆工具】绘制椭圆。点击属性栏中的【变换为曲线】按钮，单击工具栏中的【形状工具】，调节节点，将椭圆形调整为心形。在属性栏中，设置【轮廓宽度】为“3mm”。右键填充轮廓颜色，CMYK 值为 0、0、40、0，将心形旋转复制为四叶草形状，如图 9-25 所示。

（7）单击工具栏中的【多边形工具】，在下拉列表中点选【螺纹】，在属性栏中将【轮廓宽度】调整为“3.0mm”，并单击右键填充轮廓颜色，CMYK 值为 0、0、40、0，如图 9–26 所示。

图 9–25　制作心形底图

图 9–26　制作螺纹底图

（8）将步骤（6）、步骤（7）所绘制的图形放置在页面内作为底图，如图 9–27 所示。

图 9–27　将绘制的图形放置在页面内

（9）绘制气球。单击工具栏中的【椭圆工具】在页面中绘制一个椭圆，点击属性栏中的【变换为曲线】按钮，将图形变换为曲线。单击工具栏中的【形状工具】调节节点为气球主体形状。填充颜色 CMYK 值为 0、82、100、0，如图 9–28 所示。

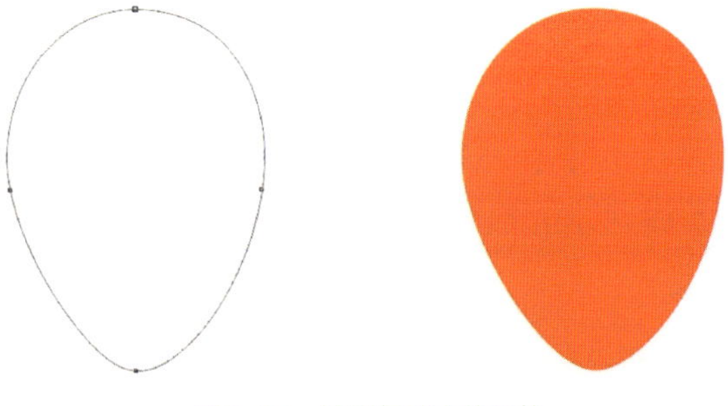

图 9–28　绘制气球主体形状

（10）绘制气球下部分。单击工具栏中的【椭圆工具】绘制椭圆，双击椭圆变成旋转模式，将椭圆圆心放在上面交点。点击菜单栏中的【对象】，在下拉菜单中选择【变换】，在列表中选择【旋转】，弹出对话框，如图 9–29（a）所示，将对话框进行如下设置：【旋转角度】调整为“30.0°”，勾选【相对中心】，【副本】设置为“2”，表示再复制 2 个。单击【应用】按钮，得到 9–29（b）所示图形。

(a)

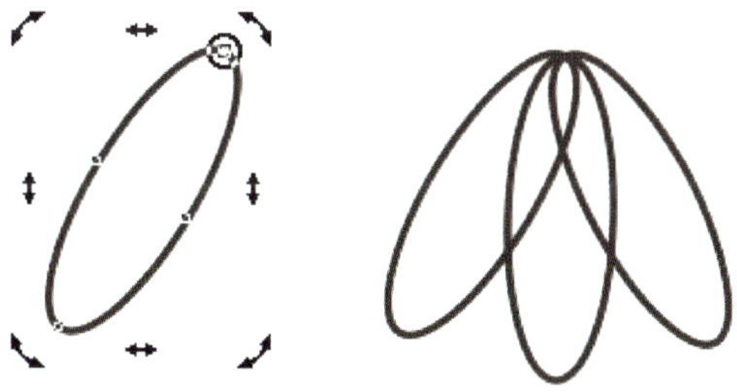

(b)

图 9–29　绘制气球下部分

（11）选中上一步骤中制作的三个椭圆，点击属性栏中的【合并】按钮，将其合并为一个图形。去除边框，填充颜色 CMYK 值为 0、82、100、0，如图 9–30 所示。

图 9–30　合并

（12）将气球主体和下部分移动至一起，并点击属性栏中的【合并】按钮，将其合并为整体气球。

（13）点击工具栏中的【螺纹】工具。将属性栏中【螺纹回圈】设置为“2”，【轮廓宽度】设置为“1.0mm”。点击菜单栏【对象】，在下拉列表中点选【对象属性】勾选【随对象缩放】，如图 9–31 所示，这样绘制的线条会随着对象而缩放。

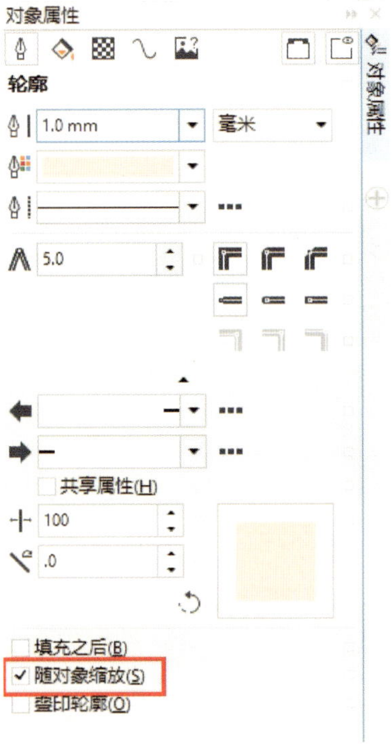

图 9–31　选择【随对象缩放】命令

（14）将步骤（6）绘制的心形复制，去除轮廓、填充颜色，共同作为气球图案，效果如图 9–32 所示。

图 9–32　气球图案

（15）绘制气球高光。点击工具栏中的【椭圆工具】绘制椭圆。单击属性栏中的【变换为曲线】按钮，点击工具栏中的【形状工具】，点击属性栏中的【添加节点】按钮，为椭圆两侧添加节点。选中椭圆下半部分节点，向下拖曳，得到如图 9–33 所示图形，为气球添加高光。

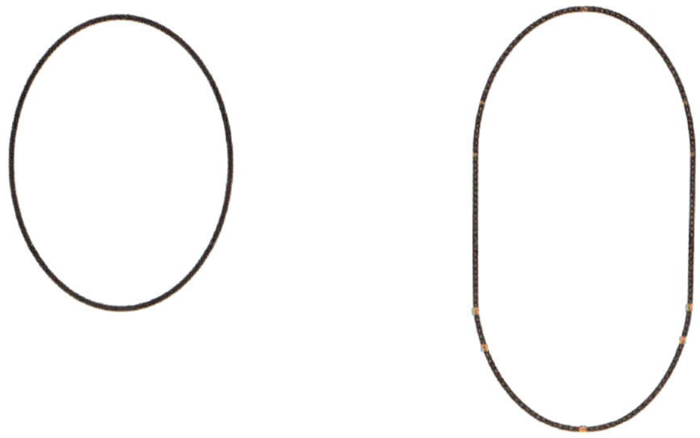

图 9-33 绘制气球高光

（16）增加装饰和高光的气球整体效果如图 9-34 所示。

图 9-34 整体效果

（17）绘制礼物盒。点击工具栏中的【矩形工具】，在页面中绘制长、宽分别为 100mm、90mm 的矩形。点击属性栏中的【变化为曲线】按钮，点击工具栏中的【形状工具】将矩形调整为图 9-35 所示梯形。按住【Shift 键】，向内拖动鼠标并按下鼠标右键，完成同心梯形复制。

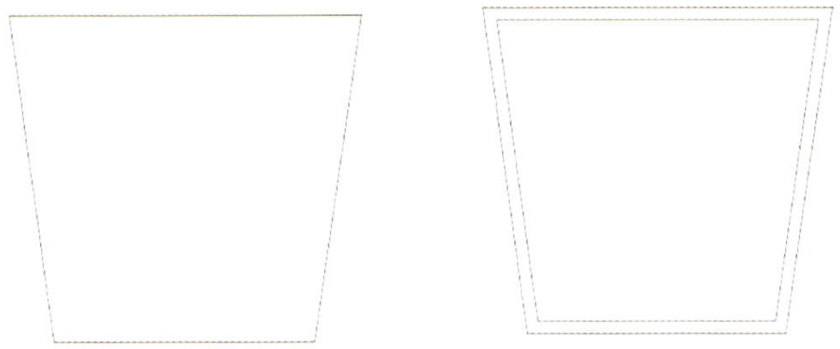

图 9-35 绘制梯形

（18）点击内部梯形，点击工具栏中的【交互式填充】，在下拉列表中点选【网状填充工具】。在属性栏中将【行数和列数】设置为“2”，得到网状图形。点击中间节点，填充颜色 CMYK 值为 100、20、0、0，用同样的方法为其他 8 个节点分别填充不同的颜色，得到如图 9–36 所示效果。在大梯形内填充白色，CMYK 值为 0、0、0、0。

图 9–36 填充颜色

（19）在梯形图上绘制长、宽分别为 84mm、31mm 的矩形。点击属性栏中【转换为曲线】按钮，结合【形状工具】调整为如图 9–37 所示图形，填充颜色为白色。三个梯形取轮廓线。

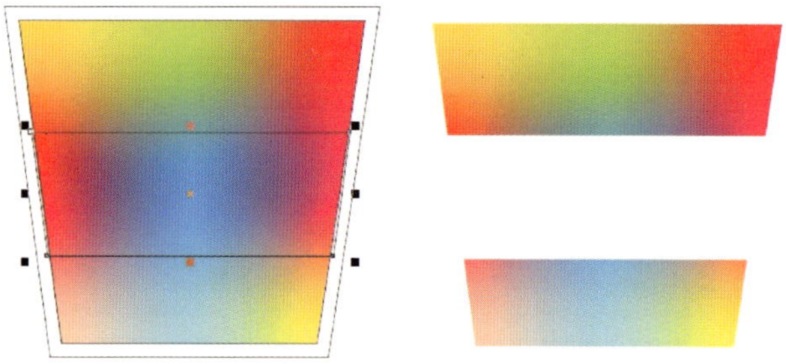

图 9–37 在梯形上绘制矩形并调整形状

（20）将礼物盒放置在页面上，点击【文本工具】，在页面中输入“HAPPY Birthday”，字体为“Arial Narrow”，字号为“36pt”。将文字、梯形居中放置在页面中，得到最终效果，如图 9–38 所示。

图 9–38 生日卡片设计效果图

小贴士

使用【贝塞尔工具】绘制曲线的方法

选择【贝塞尔工具】按钮，在页面中按住鼠标并拖动，确定起始节点。此时该节点两边将出现两个控制点，连接控制点的是一条蓝色控制线，将光标移到适当的位置按住鼠标并拖动，这时第 2 个锚点的控制线长度和角度都将随光标的移动而改变，同时曲线的弯曲度也在发生变化。调整好曲线形态后释放鼠标即可。

第三节　招聘广告设计

招聘广告设计步骤如下。

（1）启动软件，创建新文档。【宽度】、【高度】分别设为“430.0mm”“800.0mm”。【原色模式】为“CMYK”。【渲染分辨率】为“300dpi”，如图 9–39 所示。

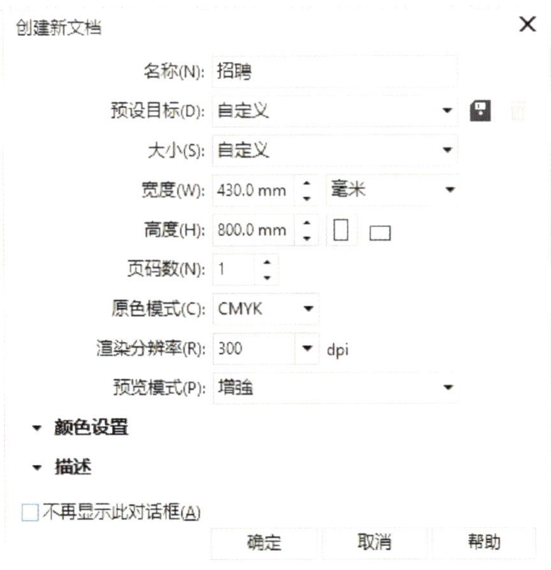

图 9–39　创建新文档

（2）双击工具栏中的【矩形工具】按钮，得到和设置页面等大的矩形。填充颜色 CMYK 值为 0、0、0、50。单击工具栏中的【椭圆工具】按钮，按住【Ctrl 键】，在矩形页面上绘制正圆，在属性栏中调整正圆直径为 350mm。在默认颜色栏上方去色按钮 ⊠ 处点击鼠标左键，去除圆中填充颜色。在颜色栏用鼠标右键点选白色按钮，更改正圆边框颜色为白色。单击属性栏中的【转换为曲线】按钮，将圆形线变为可编辑模式。在属性栏中，更改【轮廓宽度】为“1.5mm”；线条样式更改为 ，得到如图 9–40 所示效果。

图 9-40　在矩形页面中绘制正圆

（3）点击菜单栏中的【文件】菜单，从下拉列表中点选【导入】，在弹出对话框中备选文件夹中找到名称为“地球”的图形，点击【确定】按钮，导入地球图形，调整位置如图 9-41 所示。

图 9-41　导入地球图形

（4）点选步骤（2）建立的白色圆，按住【Shift 键】向内拖动鼠标并单击鼠标右键，建立同心圆。在属性栏中调整圆的直径为 295mm。重复此步骤，向内建立同心圆，在属性栏中更改圆的直径为 260mm，得到如图 9-42 所示效果。

图 9-42 建立同心圆

（5）单击工具栏中的【文字工具】按钮，单击页面，在页面中输入文字“聘”。选中“聘”字，在属性栏中调整字体为“王汉宗粗综艺简”、字号为“460pt”。

效果如图 9-43 所示。

图 9-43 输入文字“聘”

（6）点击菜单栏中的【文本】菜单，在下拉列表中点选第一项【文本属性】，如图

9–44 所示。在弹出的对话框中将填充类型选为【渐变填充】，更改渐变色调。

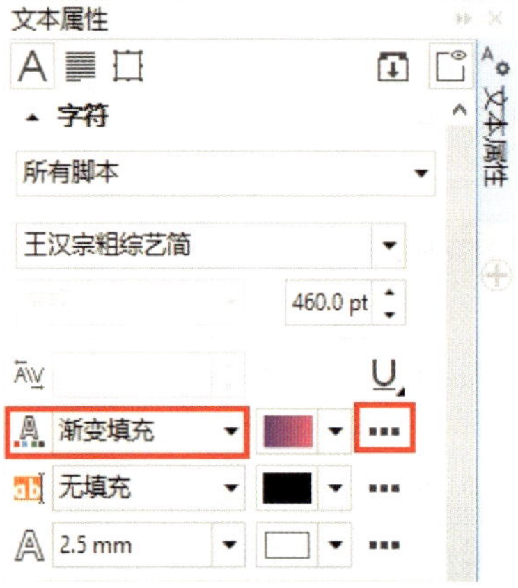

图 9–44　进行填充设置

（7）在弹出对话框中点选第一个色块，如图 9–45（a）所示，在下面调整色块 CMYK 值为 73、93、0、0，如图 9–45（b）所示。

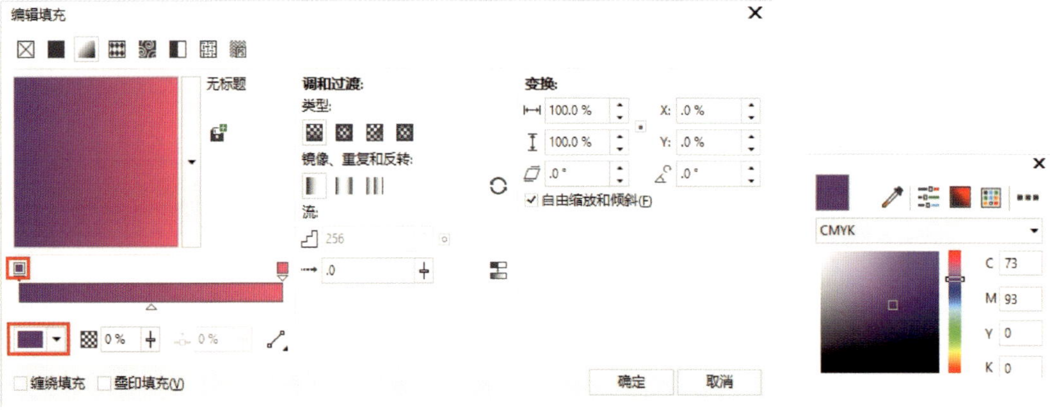

(a)　　(b)

图 9–45　设置参数

（8）同理设置渐变色第二个颜色，点选第二个色块，设置颜色 CMYK 值为 9、87、0、0。单击【确定】按钮，完成渐变色的设置，如图 9–46 所示。

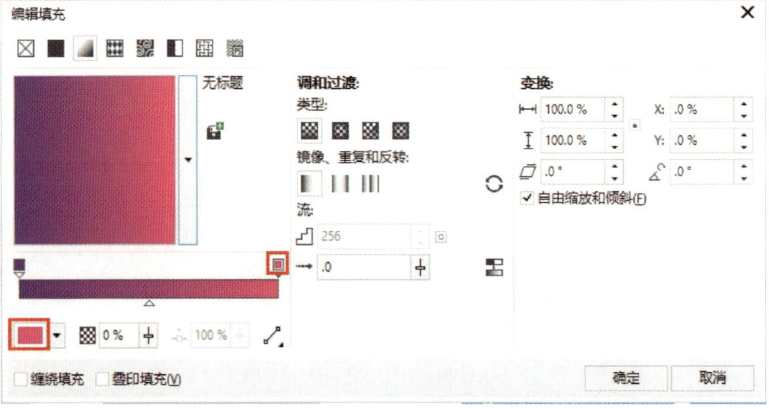

图 9–46　完成渐变色设置

（9）在文本属性中，在【轮廓宽度】中设置宽度为“2.5mm”，如图 9-47（a）所示。轮廓颜色为白色，CMYK 值为 0、0、0、0。效果如图 9-47（b）所示。

(a) (b)

图 9-47 设置轮廓

（10）单击工具栏中的【文字工具】按钮，点击页面，在页面上输入“营业员”。选中文字，在属性栏中设计字体为“华文细黑”，字号为“200pt”。字符之间空半个字符的间距，如图 9-48 所示。

图 9-48 输入文字

（11）单击工具栏中的【2 点线工具】，按住【Shift 键】在页面中绘制一条水平线。长度为“333mm”，在属性栏中将轮廓设置为“2.0mm”，线条样式点选第一种样式。设置如图 9-49 所示。在默认颜色栏中用鼠标右键点选白色，CMYK 值为 0、0、0、0。

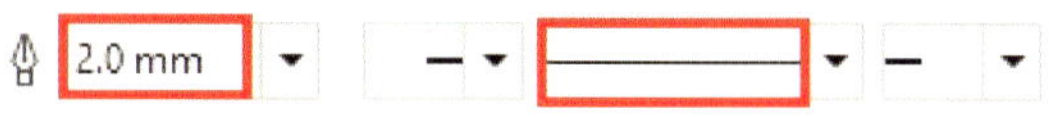

图 9-49 选择线条样式

（12）选中步骤（11）所绘制线条，向下拖动并单击鼠标右键，复制一条相同线条，重复该动作，共复制两条线条，效果如图 9-50 所示。

（13）单击工具栏中的【椭圆工具】按钮，按住【Ctrl 键】并拖动鼠标，在页面中绘制直径为 38mm 的正圆。填充颜色 CMYK 值为 0、0、0、0，去除轮廓线。单击工具栏中的【文本工具】，在页面中绘制数字“1”。字体为“Arial”，字号为“12pt”，颜色的 CMYK 值为 100、0、0、0，效果如图 9-51 所示。

图 9-50　绘制线条

图 9-51　绘制正圆并添加数字

（14）重复步骤（13），将输入数字更改为“2”，字体字号及颜色与步骤（13）相同，效果如图 9-52 所示。

图 9-52　更改数字

（15）点击工具栏中的【文本工具】按钮。点击页面输入“本科及以上学历，专业不限，20 ～ 35 岁，女士优先”。再输入一条文本“沟通能力好，亲和力强，会电脑，有销售经验者优先”。字体均为“微软雅黑”，字号为“50pt”，位置如图 9–53 所示。

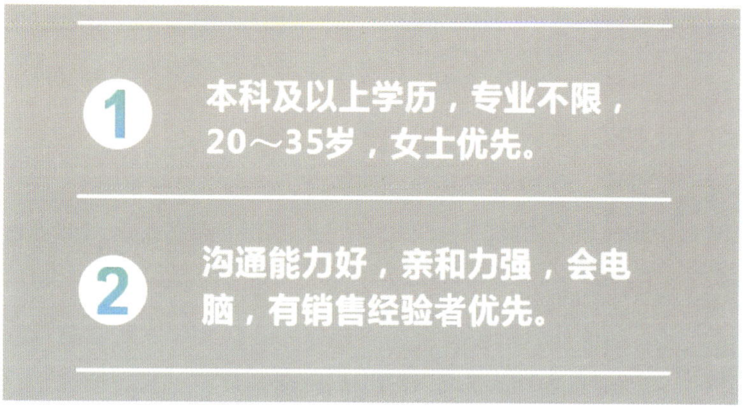

图 9–53　输入文字

（16）点击工具栏中的【文本工具】按钮。点击页面，输入文字“招聘热线：18000000000 王先生”。字体为“华文细黑”，字号为“50pt”。点击菜单栏中的【文件】菜单，在下拉列表中点选【导入】按钮，导入电话图标。效果如图 9–54 所示，完成招聘广告设计。

图 9–54　招聘广告设计效果图

小贴士

色彩模式

色彩模式定义了如何显示或表示数字图像，常用的色彩模式有如下几种。

（1）RGB 模式：这是使用最广泛的一种色彩模式。此模式下的图像多用于显示。R、G、B 分别代表 red（红）、green（绿）、blue（蓝），即光谱三原色。由这三种颜色叠加形成了其他色彩，因此该模式是一种相加的模式。彩色电视机和计算机显示器都是采用此颜色模式来显示颜色的。

（2）CMYK 模式：常说的四色印刷，也就是传统四色印刷中四种油墨的颜色。C、M、Y、K 分别代表 cyan（青）、magenta（品红）、yellow（黄）、black（黑），任何颜色都可以由这四种颜色混合而成。

（3）Lab 模式：是一种与设备无关的颜色模式。它使用 L 通道表示亮度，用 a 通道和 b 通道表示颜色。此模式能表示的颜色范围最广，多用于转换颜色模式，作为转换中介。

（4）黑白模式：图像中只有黑白两种颜色。

（5）灰度模式：类似于黑白照片，有 256 级灰度。

（6）索引色模式：主要用于 GIF 格式图像文件，该模式以 256 种颜色来表示图像。

第四节　折页广告设计

折页广告设计步骤如下。

（1）启动软件，新建高度、宽度分别为 300mm、600mm 文档，【渲染分辨率】为“300dpi”，【原色模式】为“CMYK”。单击【确定】按钮，完成文档创建，如图 9–55 所示。

（2）双击工具栏中的【矩形工具】按钮，建立和页面相同的矩形，如图 9–56 所示。将鼠标移动到距离标尺 200mm 的位置，当鼠标图标变为白色时，拖动鼠标拉出辅助线，用同样方式在距离标尺 400mm 处绘制第二条辅助线。本案例为三折页广告页设计。

（3）单击工具栏中的【矩形工具】按钮，在页面底部拖动鼠标绘制一个长、宽分别为 600mm、16mm 的矩形，填充颜色 CMYK 值为 100、0、0、0，如图 9–57 所示。

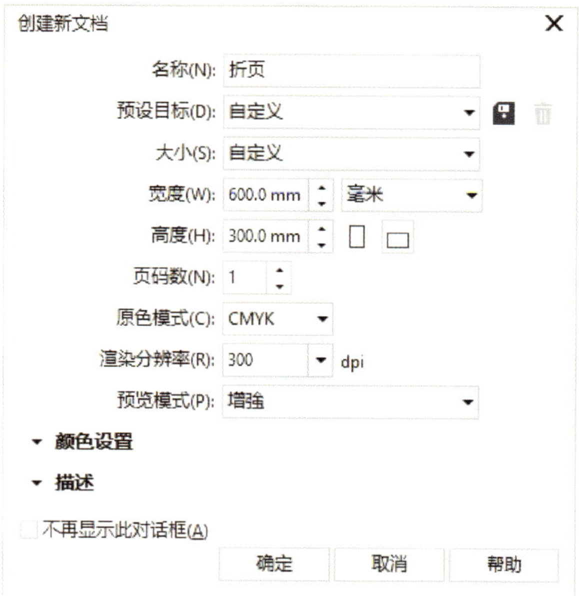

图 9-55　创建新文档

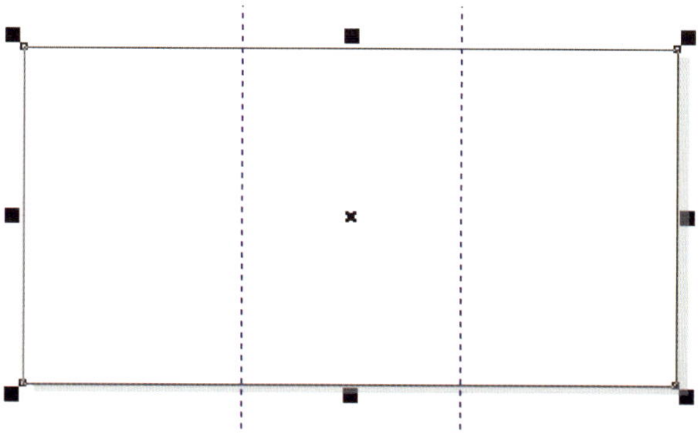

图 9-56　绘制矩形

图 9-57　绘制页面底部矩形

（4）单击属性栏中的【转换为曲线】按钮，将矩形变为可编辑图形。单击工具栏中的【形状工具】按钮，通过增加节点调整曲线，形状如图 9–58 所示。

图 9-58　通过增加节点调整曲线

（5）向上拖动该图像，单击鼠标右键完成复制。填充颜色 CMYK 值为 22、0、0、0。单击工具栏中的【形状工具】按钮，调整节点，完成图形绘制，如图 9–59 所示。

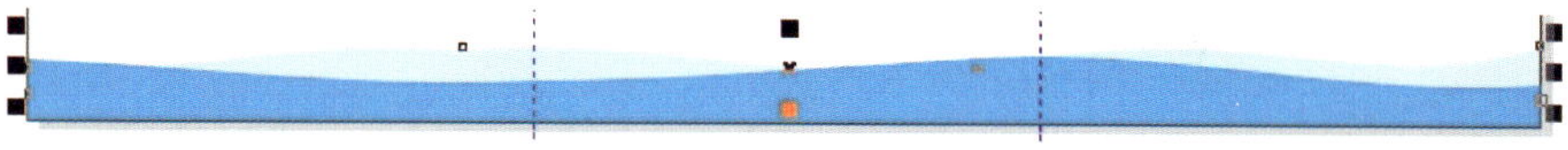

图 9-59　调整节点

（6）单击工具栏中的【多边形工具】按钮，在属性栏中将【边数设置】更改为“6”，在页面中绘制三个六边形，如图 9-60 所示。将第一个图形填充颜色，CMYK 值为 100、0、0、0。将第二个六边形填充颜色，CMYK 值为 22、0、0、0。在【去除颜色】按钮 ⊠ 上单击鼠标右键去除前两个六边形的边框，再在【去除颜色】按钮 ⊠ 上单击鼠标左键去除第三个六边形的填充颜色。在默认颜色栏中【青】按钮单击鼠标右键，完成边框颜色填充。

图 9-60　绘制六边形

（7）将步骤（6）制作的六边形经过复制和调整大小得到如图 9-61 所示图形。

图 9-61　复制和调整六边形

（8）点选右上角的六边形，按住【Shift 键】，向内拖动鼠标并单击鼠标右键完成复制，如图 9-62 所示。

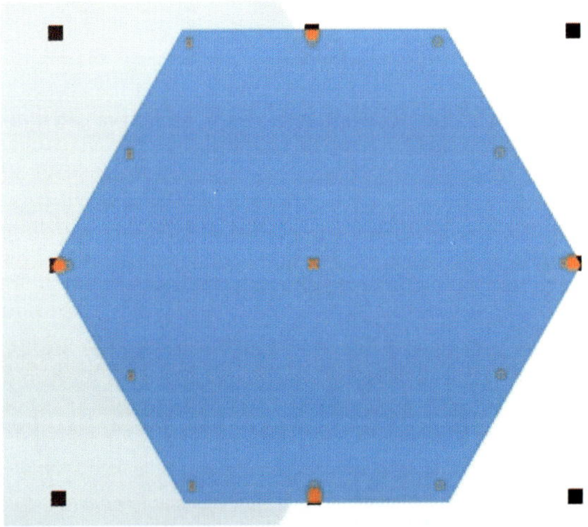

图 9-62　复制右上角的六边形

（9）点击菜单栏中的【文件】，在下拉列表中点选【导入】，在文件夹中找到图片 A，点选图片 A，单击【确定】按钮。在页面中拖动鼠标，完成图片导入。

（10）点选图片 A，在下拉列表中点击【PowerClip 内部】按钮，如图 9–63 所示，此时鼠标变为黑色箭头。点选步骤（8）所绘制的图形，将图片置入六边形。

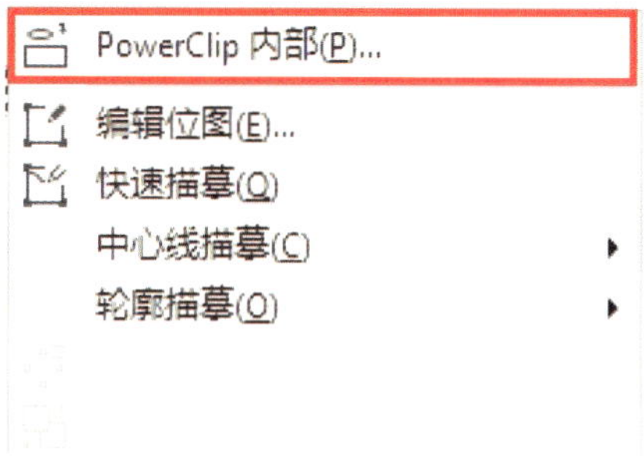

图 9–63　【PowerClip 内部】下拉列表

（11）由于图片大小和位置仍需调整，点击鼠标右键在下拉列表中点选【调整内容】，在下拉列表中点选【内容居中】，得到如图 9–64 所示的效果图。

图 9–64　调整图片

（12）用同样的方法导入图片并置入六边形中，在图片下方的修改列表中点击右侧小三角，在弹出的下拉列表中点选【按比例填充框】，如图 9–65（a），最终效果如图 9–65（b）所示。

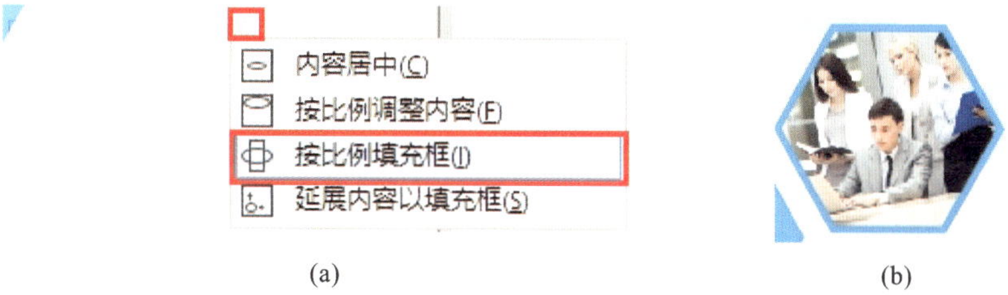

图 9–65　按比例填充框

（13）同理，将文件夹中的图 C、D、E 置入六边形中，效果如图 9–66 所示。

图 9-66 将参考图全部置入六边形

（14）单击工具栏中的【文本工具】按钮，在页面上输入“大同企业文化”。字体为“黑体”，字号为“48pt”。字体颜色 CMYK 值为 0、100、0、0。完成一个页面的制作，如图 9-67 所示。

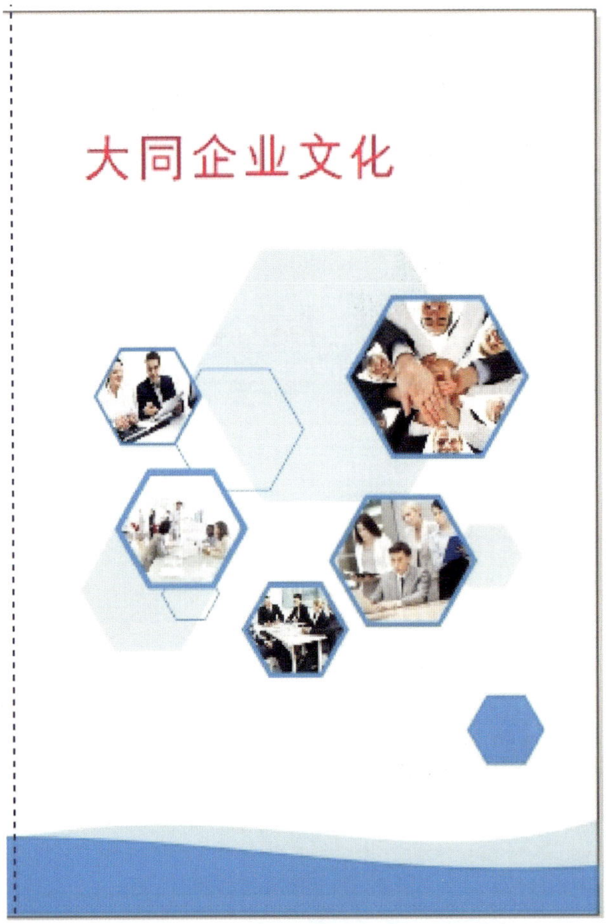

图 9-67 “大同企业文化”页面效果

（15）点击工具栏中的【2 点线工具】按钮，在页面中绘制长度为 180mm、线宽为 0.5mm 的线条。在默认颜色栏中【青】（CMYK 值为 100、0、0、0）单击鼠标右键，完成线条颜色填充，如图 9–68 所示。

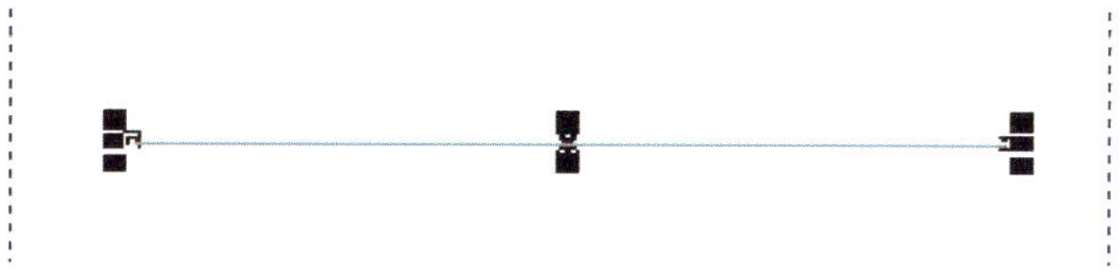

图 9–68 填充线条颜色

（16）单击工具栏中的【椭圆工具】按钮，按住【Crtl 键】，在页面中绘制直径为 8mm 的圆形，线宽为“0.8mm”。在默认颜色栏中【青】（CMYK 值为 100、0、0、0）单击鼠标右键，完成线条颜色填充。按住【Shift 键】向内拖动鼠标，创建同心圆，在属性栏中更改直径为“5.0mm”，填充颜色 CMYK 值为 53、0、76、0。鼠标移至【去除颜色】按钮 ☒ ，点击右键，去除轮廓线。选中图形，点击鼠标右键在下拉列表中点选【组合对象】，效果如图 9–69 所示。

图 9–69 绘制图形

（17）将步骤（16）图形移至步骤（15）所绘制的线条上，位置如图 9–70 所示。点击菜单栏中的【对象】，在下拉列表中点选【变换】。在弹出的对话框中点选【位置】按钮。将【X】轴数值调整为“45.0mm”，勾选【相对位置】，如图 9–71 所示。将【副本】设置为“3”，单击【应用】按钮，完成等距复制，分别点选内圆，从左向右颜色的 CMYK 值依次设置为 0、0、100、0，100、0、0、0，0、100、0、0，如图 9–72 所示。

（18）单击工具栏中的【文本工具】按钮，分别输入文字“2015、2016、2017、2018”，字体为“Calisto MT”，字号为“23pt”，如图 9–73（a）所示。年份放置位置如图 9–73（b）所示。

图 9–70 将图形移至线条

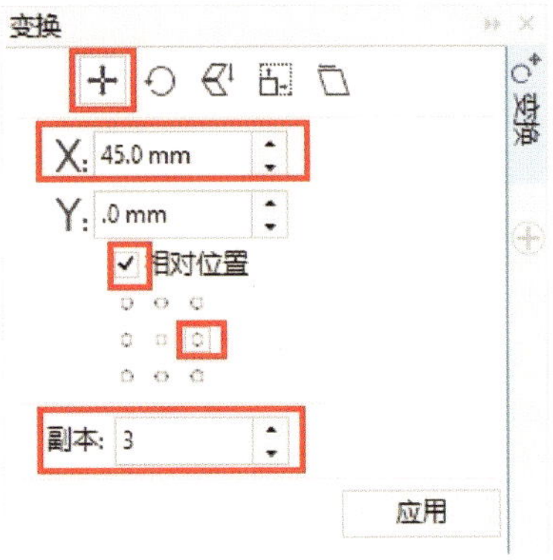

图 9–71　设置参数

图 9–72　等距复制

(a)

(b)

图 9–73　输入年份

（19）单击工具栏中的【文本工具】按钮，分别在四个年份下面输入四段文字“成立大同有限公司”“公司出台发展纲要”“成立十家分公司”“完成计划再创辉煌”。字体为“微软雅黑”，字号为“7pt”。位置如图 9–74 所示。

图 9–74　输入文字

（20）单击工具栏中的【文本工具】按钮，输入文字“发展历程”，字体为“黑体”，字号为“48pt”。颜色 CMYK 值为 0、100、0、0。再次单击工具栏中的【文本工具】按钮，输入“DEVELOPMENT HISTORY”，字体为“微软雅黑”，字号为“22pt”。绘制两个六边形，填充颜色 CMYK 值为 22、0、0、0 和 100、0、0、0，位置如图 9–75 所示。

图 9-75　将各部分组合

（21）单击菜单栏中的【文件】，在下拉列表中点击【导入】，点选图片 A、B、C、D 四幅图片。点击【确定】按钮，在中间页面点击并拖动鼠标完成图片导入，并将图片移动到合适位置。至此，三折页的中间页完成，效果如图 9-76 所示。

图 9-76　中间页效果图

（22）单击工具栏中的【文本工具】按钮，输入文字“公司简介”，字体为“黑体”，字号为“48pt”。颜色 CMYK 值为 0、100、0、0。绘制一个六边形，填充颜色 CMYK 值为 100、0、0、0，如图 9-77 所示。

图 9-77　将文字与图形组合

（23）单击工具栏中的【文本工具】，在页面中拖曳出一个文本框。在属性栏中设置文本框的长、宽分别为 140.0mm、85.0mm，如图 9–78（a）所示。输入“公司简介”文字，打开文档，找到公司简介内容并粘贴到文本框处，如图 9–78（b）所示。

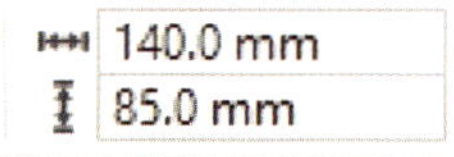

(a)

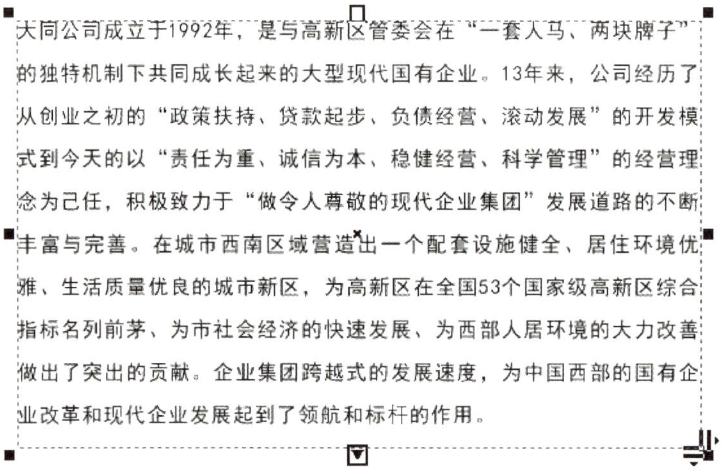

(b)

图 9–78　输入文本

（24）单击菜单栏中的【文本】，在下拉列表中点选【文本属性】，弹出【文本属性】对话框，在【段落】中将【行间距】设置为“200%”，完成文本编辑，如图 9–79 所示。

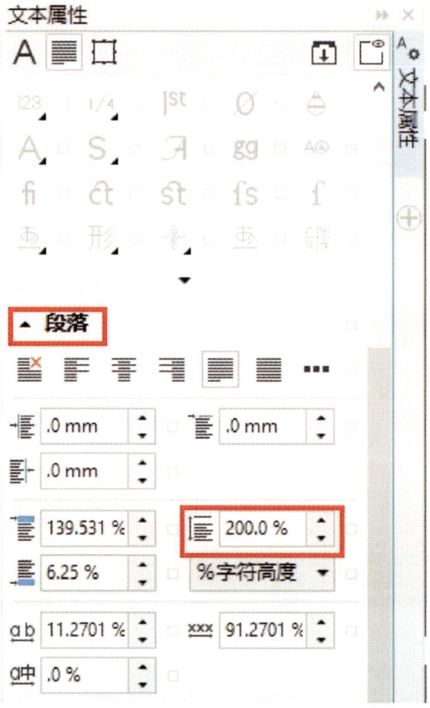

图 9–79　文本编辑

（25）完成折页设计，整体效果如图 9–80 所示。

图 9–80 折页整体效果

思考与练习

1. 设计并制作一张披萨宣传海报。

2. 设计并制作一张旅行宣传页。

3. 设计并制作一张夏装新品促销广告。

第十章

VI 设计

章节导读

- 信封设计
- 档案袋的设计
- 帽子的设计
- 水杯的绘制
- T 恤衫的绘制
- 胸牌设计

案例一　信封设计

信封设计步骤如下。

（1）启动软件，按【Ctrl + N 键】新建文档，在弹出的【创建新文档】对话框中将【宽度】和【高度】分别设为“600.0mm”“300.0mm”。【原色模式】设置为“CMYK”，【渲染分辨率】设置为“300dpi”，单击【确定】按钮，完成页面设置，如图 10–1 所示。

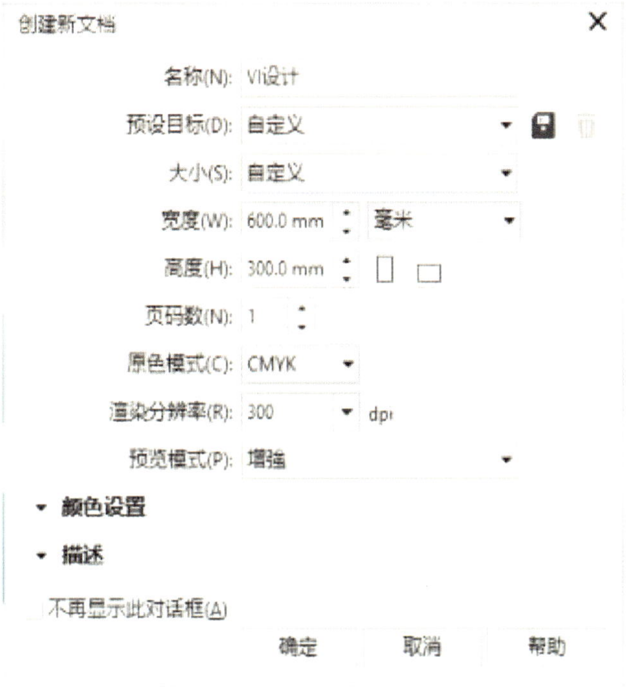

图 10-1　创建新文档

（2）单击工具栏中的【矩形工具】按钮，设置长、宽分别为 200.0mm、98.0mm 的矩形作为信封面，如图 10-2 所示。

（3）单击工具栏中的【矩形工具】按钮，绘制长、宽分别为 20.0mm、98.0mm 的矩形。点击工具栏中的【形状工具】按钮，在属性栏中点击【圆角】按钮，在后面右侧两个转角半径中分别输入“20.0mm”，填充颜色 CMYK 值为 0、100、0、0，如图 10-3 所示。

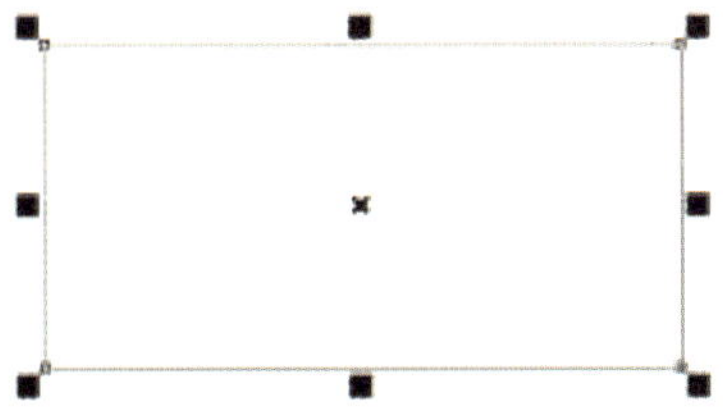

图 10-2　绘制矩形

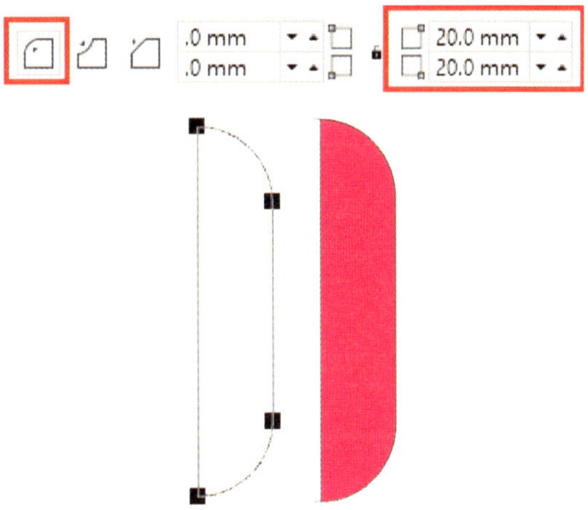

图 10-3　绘制信封封口

（4）单击工具栏中的【矩形工具】按钮，绘制长、宽均为 7.2mm 的矩形。单击菜单栏中的【对象】，在下拉列表中点击【变换】，在下拉列表中点选【位置】，弹出对话框，设置【X】为“9.0mm”，勾选【相对位置】，位置右中，将【副本】数量设为“5”，如图 10–4（a）所示。点击【应用】按钮，完成上面邮政编码填写框的绘制，如图 10–4（b）所示。

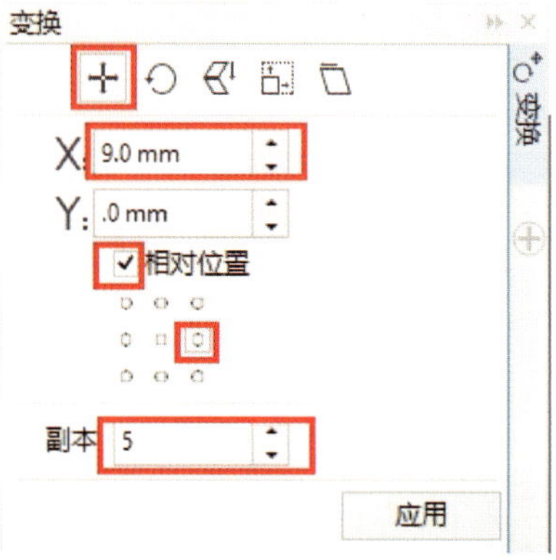

(a)

(b)

图 10–4　邮政编码填写框的绘制

（5）单击工具栏中的【矩形工具】按钮，绘制长、宽均为 20mm 的矩形。按住【Shift 键】平行移至重合边线位置，点击鼠标右键完成复制。移动至合适位置作为邮票粘贴处，如图 10–5 所示。

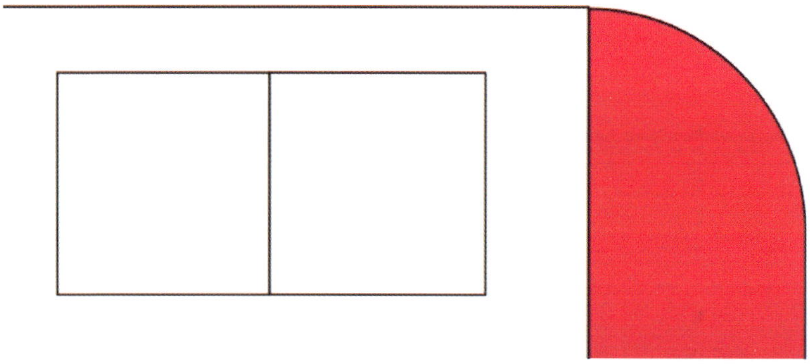

图 10–5　绘制邮票粘贴处

（6）单击菜单栏中的【文件】，在下拉列表中点选【导入】，在弹出对话框中找到本书案例中的露曼标志，拖动鼠标并移动至合适位置。

（7）单击工具栏中的【文本工具】按钮，在页面中输入“露曼音乐舞蹈学校”及地址、电话等内容。字体为“黑体”，字号为“10pt”，字体颜色为洋红，CMYK 值为 0、100、0、0。再次单击【文本工具】按钮，在页面中输入“邮政编码：056001”。字体为“黑体”，字号为“10pt”，颜色为黑色，效果如图 10–6 所示。

图 10–6　信封正面效果图

（8）至此，信封的正面制作完成，然后开始绘制背面。单击工具栏中的【矩形工具】按钮，绘制一个长、宽分别为 200mm、98mm 的矩形，作为信封面背面。在中部绘制一条长 200mm 的线，作为纸背面的接口，如图 10–7 所示。

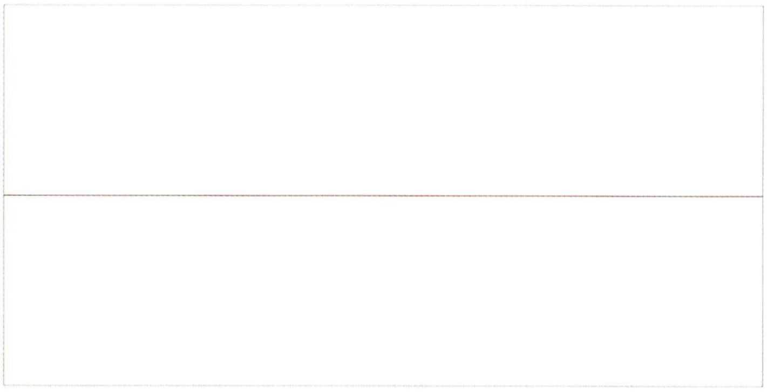

图 10–7　绘制纸背面接口

（9）复制步骤（3）所绘制的信封封口，复制两个，放在信封背面，位置如图 10–8 所示，完成信封背面的绘制。

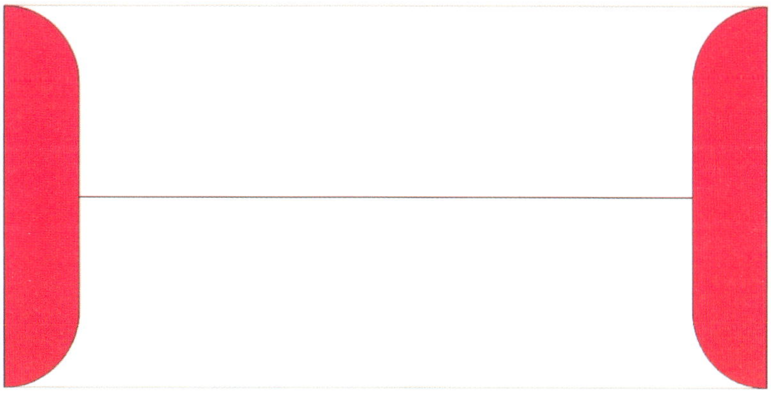

图 10–8　信封背面效果图

案例二　档案袋的设计

档案袋设计步骤如下。

（1）单击单击工具栏中的【矩形工具】按钮，绘制一个长、宽分别为 197mm、278mm 的矩形，作为档案袋的正面。再绘制一个长、宽分别为 197mm、20mm 的矩形。单击工具栏中的【形状工具】按钮，点击属性栏中的【转换为曲线】按钮将其转换为可编辑曲线，调整节点，填充颜色为洋红，CMYK 值为 0、100、0、0，如图 10-9 所示。

图 10-9　绘制矩形完成设置

（2）使用【矩形工具】绘制长、宽分别为 197mm、55mm 的矩形。填充颜色为洋红，CMYK 值为 0、100、0、0。

（3）单击工具栏中的【文本工具】按钮，在页面中输入“档案袋”。字体为“方正姚体”，字号为“50pt”，同时选中字体和步骤（2）所绘制的矩形，单击属性栏中的【对齐与分布】按钮，在下拉列表中点选【水平居中对齐】和【垂直居中对齐】，如图 10-10 所示。

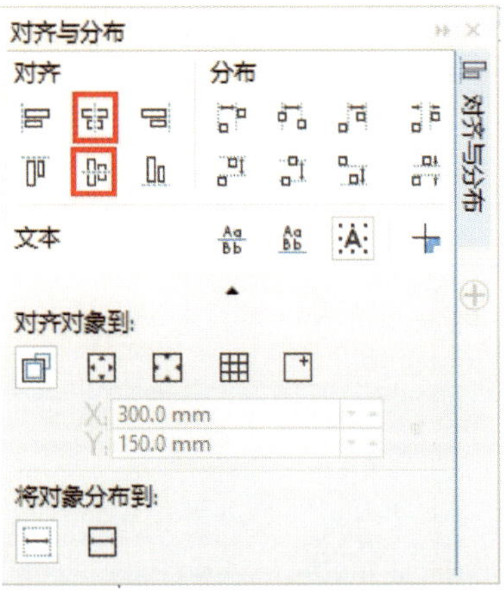

图 10-10　设置对齐方式

（4）单击工具栏中的【2 点线工具】按钮，绘制长度为 120mm 的线条。单击菜单栏中的【对象】，在下拉列表中点击【变换】，在下拉列表中点选【位置】。在弹出对话框中，设置 Y 为“–30.0mm”，勾选【相对位置】，位置为下中，【副本】设为“4”，如图 10–11 所示。点击【应用】按钮，完成档案袋封面线条的绘制。

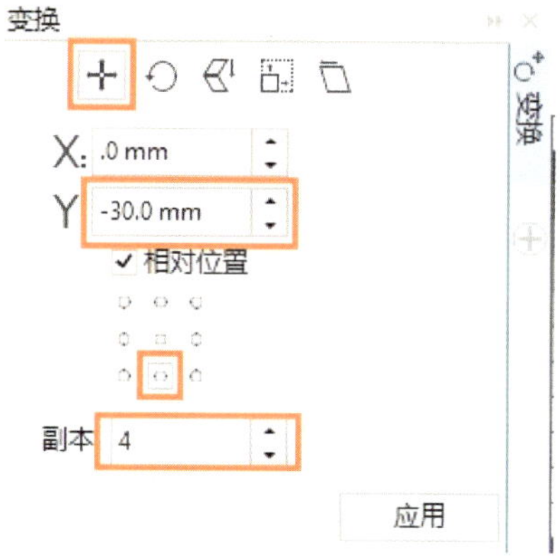

图 10–11　设置参数

（5）导入露曼音乐舞蹈学校标志。单击工具栏中的【文本工具】按钮，在页面中输入“露曼音乐舞蹈学校”。字体为“黑体”，字号为“18pt”，字体颜色为洋红，CMYK 值为 0、100、0、0。完成封面设计，如图 10–12 所示。

图 10–12　封面设计

（6）选中档案袋正面，拖动鼠标右键复制。删除字体、标志和线条。单击上部洋红色矩形，在属性栏中点选【圆角】按钮，并在左下角和右下角输入数值“20.0mm”，如图 10–13（a）所示。档案袋背面封口效果如图 10–13（b）所示。

（7）单击工具栏中的【椭圆工具】按钮，按住【Ctrl 键】，拖动鼠标绘制正圆，直径为“15mm”，按住【Shift 键】，向内拖动鼠标并单击鼠标右键，完成同心圆绘制。

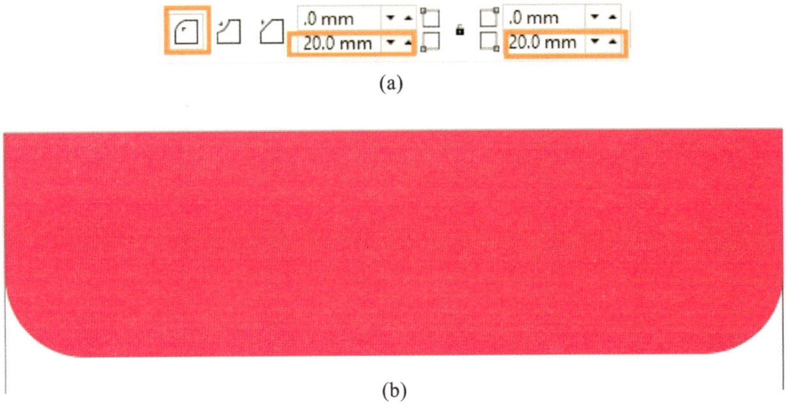

(a)

(b)

图 10-13　绘制背面封口

大圆填充颜色为白色，同心小圆填充颜色为洋红，CMYK 值为 0、100、0、0。

（8）同时选中两个圆，向下移动并单击鼠标右键完成复制。将大圆填充颜色 CMYK 值为 0、100、0、0，小圆填充为白色。

（9）单击工具栏中的【2 点线工具】，在上下两圆之间绘制连线，如图 10-14 所示。

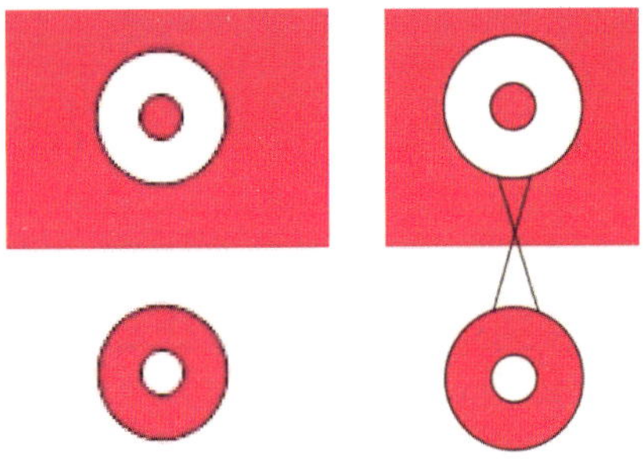

图 10-14　绘制连线

（10）档案袋的正反面完成，如图 10-15 所示。

图 10-15　档案袋的设计效果图

案例三 帽子的设计

帽子的设计步骤如下。

（1）单击工具栏中的【椭圆工具】按钮，在页面中绘制一个椭圆。点击属性栏中的【转换为曲线】按钮，点击工具栏中的【形状工具】结合添加节点，调整角点绘制帽子造型，如图 10–16 所示。

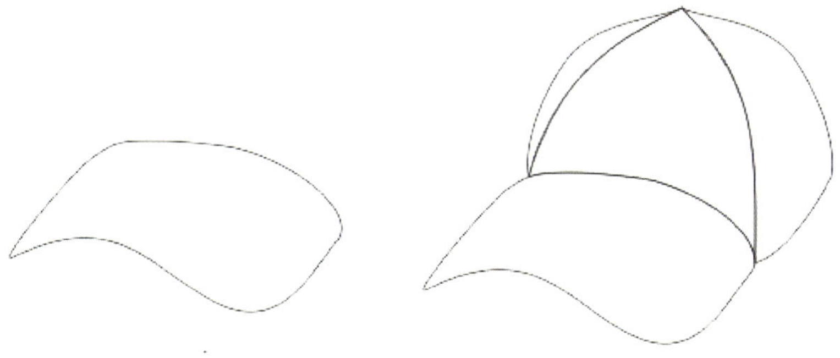

图 10–16 绘制帽子造型

（2）选中帽子，移动鼠标并单击鼠标右键完成复制。导入露曼音乐舞蹈学校标志，放入合适位置。为帽子添加洋红色，CMYK 值为 0、100、0、0，完成帽子的绘制，如图 10–17 所示。

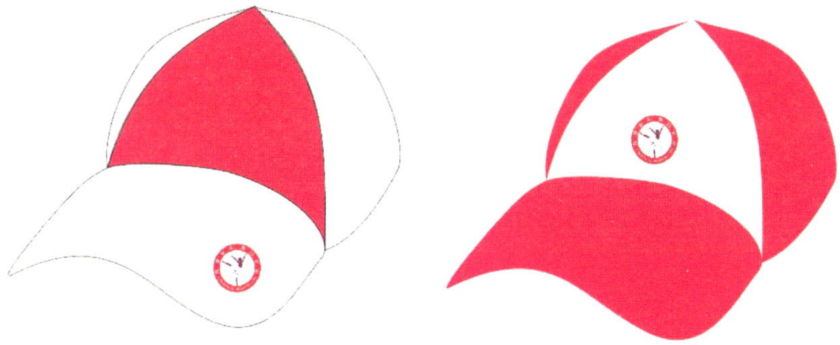

图 10–17 帽子设计效果图

案例四 水杯的设计

水杯的设计步骤如下。

（1）单击【椭圆工具】，在页面中绘制长、宽分别为 56mm、15.3mm 的椭圆作为杯口。单击【矩形工具】，在页面中绘制长、宽分别为 56mm、67.5mm 的矩形。在属性栏中点击【变换为曲线】按钮，在单击工具栏中的【形状工具】点选下部左右两个角点，向内移动，得到杯身形状。单击【椭圆工具】，在页面中绘制长、宽分别为 39mm、8.6mm 的椭圆作为杯底，如图 10–18 所示。

图 10-18　绘制杯口、杯身和杯底

（2）选中杯身和杯底椭圆，点击属性栏中的【合并】按钮，得到如图 10-19 所示效果。

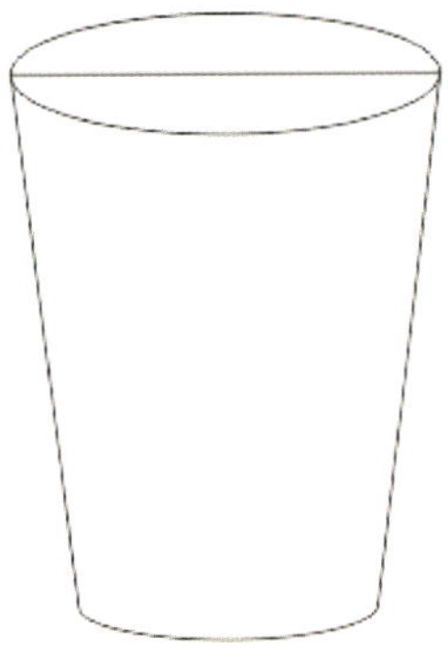

图 10-19　合并

（3）点选作为杯口的椭圆。点击菜单栏中的【对象】，在下拉列表中点选【造型】，如图 10-20（a）所示，选取【修剪】，勾选【保留原始源对象】。单击【修剪】按钮，鼠标变为黑色，点选杯身。完成修剪的效果图如图 10-20（b）所示。

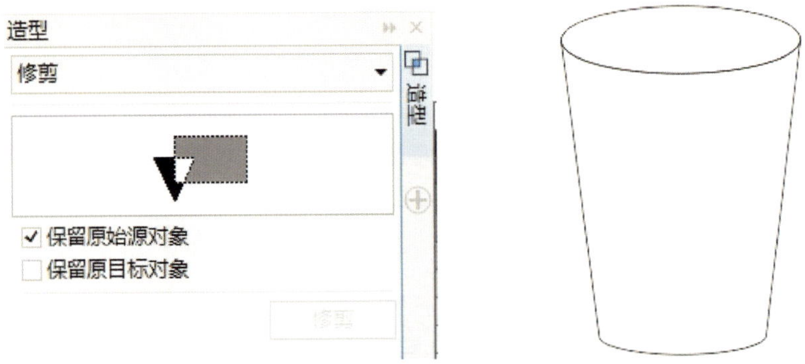

(a)　　(b)

图 10-20　完成修剪

（4）单击工具栏中的【椭圆工具】，绘制一个椭圆。按住【Shift 键】，向内拖动鼠标，并单击鼠标右键完成同心椭圆绘制。同时选中这两个椭圆，点击属性栏中的【移除前面对象】按钮，完成圆环的制作。双击圆环，旋转至合适位置并移动至杯身，作为手柄，如图 10–21 所示。

图 10–21 手柄处理

（5）点选杯身。点击菜单栏中的【对象】，在下拉列表中点选【造型】，弹出下拉列表。如图 10–22 所示。选取【修剪】，勾选保留原始对象。单击【修剪】按钮，鼠标变为黑色，点击手柄，完成修剪。

图 10–22 完成设置

（6）导入露曼音乐舞蹈学校标志，放置于杯身的合适位置。点击杯把填充洋红色，CMYK 值为 0、100、0、0。选中杯子，复制填充颜色，完成杯子的绘制，如图 10–23 所示。

图 10–23 杯子绘制效果图

案例五　T 恤衫的设计

T 恤衫的设计步骤如下。

（1）单击【矩形工具】，绘制长、宽分别为 150mm、208mm 的矩形。单击【转换为曲线】按钮，单击【形状工具】结合角点，调整为衣服的大概形状，如图 10-24 所示。

（2）绘制领口。单击【矩形工具】按钮，绘制两个矩形，重复上一步骤，调整节点，完成袖子的绘制。单击【椭圆工具】按钮，绘制比领口稍微大一点的椭圆，如图 10-25 所示。

图 10-24　衣服大概形状

图 10-25　绘制领口

（3）点选椭圆，单击菜单中的【对象】，在下拉列表中点选【造型】。在弹出对话框中点选【修剪】，设置如图 10-26 所示。勾选【保留原目标对象】。点击【修剪】，鼠标变黑色，点击衣服，得到领子造型。

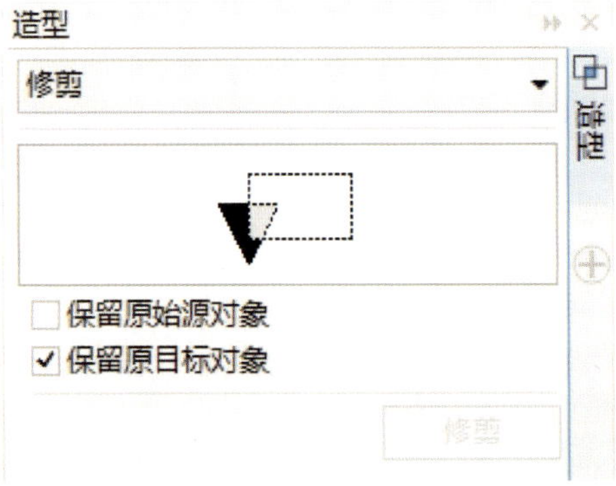

图 10-26　完成设置

（4）点击领子、袖子，添加颜色为洋红色，CMYK 值为 0、100、0、0。导入露曼音乐舞蹈学校标志。移至合适位置，T 恤绘制完成，效果如图 10-27 所示。

图 10-27 T 恤绘制效果图

案例六 胸 牌 设 计

胸牌设计步骤如下。

（1）单击【矩形工具】，绘制长、宽分别为 192mm、140mm 的矩形。点击工具栏中的【形状工具】按钮，在属性栏中点击【圆角】，四个边角均设置为“5.0mm”，得到如图 10-28 所示效果。

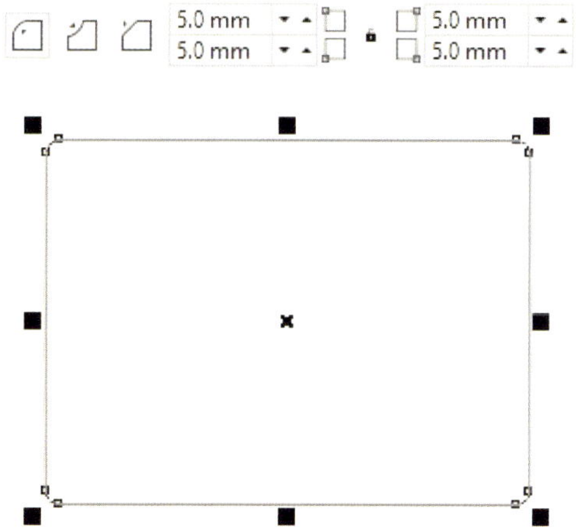

图 10-28 绘制矩形完成设置

（2）选中步骤，按住【Shift 键】，向内拖动鼠标，得到同心矩形。在属性栏中设置小矩形长、宽分别为 170mm、122mm，并添加颜色 CMYK 值为 0、100、0、0，如图 10-29 所示。

（3）单击工具栏中的【矩形工具】按钮，在页面中绘制一个长、宽分别为 170mm、65mm 的矩形。选中这三个图形，在属性栏中点选【对齐与分布】按钮，在下拉列表中分别点选【垂直居中】和【水平居中】得到如图 10-30 所示的效果图。

图 10-29 填充颜色

图 10-30 在页面中绘制矩形

（4）单击工具栏中的【文本工具】按钮，在页面中绘制文字“工作证”。字体为“黑体”，字号为“48pt”，颜色填充为白色，如图 10–31 所示。

（5）点击工具栏中的【文本工具】，在页面中输入“姓名”“职位”“编号”。字体为“黑体”字号为“24pt”，颜色 CMYK 值为 0、100、0、0。

（6）点击菜单栏中的【文件】菜单，在下拉列表中点击【导入】，找到露曼音乐舞蹈学校标志导入，调整移动至合适位置，效果如图 10–32 所示。

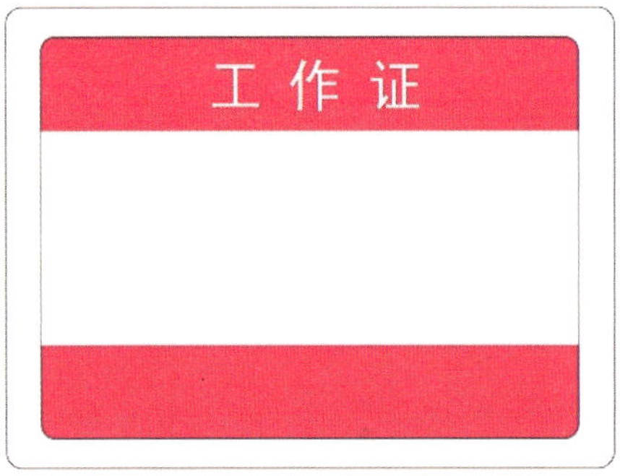

图 10-31 添加文字

图 10-32 导入标志

（7）单击工具栏中的【矩形工具】按钮，在页面中绘制一个长、宽分别为 35mm、49mm 的矩形框，作为贴照片位置。

（8）点击工具栏中的【文本工具】按钮，在照片框中输入文字“粘贴照片”。字体为“宋体”，字号为“18pt”，文字方向为“垂直方向”，完成效果如图 10–33 所示。

图 10-33 工作证效果图

思考与练习

1. 设计并制作苏格传媒办公 VI。

2. 设计并制作中国娃快餐 VI。

附录

CorelDRAW X8 快捷键

显示导航窗口：【N 键】。

保存当前的图形：【Ctrl + S 键】。

打开【编辑文本】对话框：【Ctrl + Shift + T 键】。

擦除图形的一部分或将一个对象分为两个封闭路径：【X 键】。

撤消上一次的操作：【Ctrl + Z 键】或【Alt + Backspase 键】。

垂直定距对齐选择对象的中心：【Shift + A 键】。

垂直分散对齐选择对象的中心：【Shift + C 键】。

垂直对齐选择对象的中心：【C 键】。

打开一个已有绘图文档：【Ctrl + O 键】。

打印当前的图形：【Ctrl + P 键】。

打开【大小工具卷帘】：【Alt + F10 键】。

运行缩放动作然后返回前一个工具：【F2 键】。

发送选择的对象到后面：【Shift + B 键】。

发送选择的对象到前面：【Shift + T 键】。

将选择的对象放置到后面：【Shift + Page Down 键】。

将选择的对象放置到前面：【Shift + Page Up 键】。

发送选择的对象到右面：【Shift + R 键】。

发送选择的对象到左面：【Shift + L 键】。

将文本对齐基线：【Alt + F12 键】。

将对象与网格对齐（切换）：【Ctrl + Y 键】。

对齐选择对象的中心到页中心：【P 键】。

拆分选择的对象：【Ctrl + K 键】。

将选择对象分散对齐到舞台水平中心：【Shift + P 键】。

将选择对象分散对齐到页面水平中心：【Shift + E 键】。

打开【封套工具卷帘】：【Ctrl + F7 键】。

打开【符号和特殊字符工具卷帘】：【Ctrl + F11 键】。

复制选定的项目到剪贴板：【Ctrl + C 键】或【Ctrl + Ins 键】。

设置文本属性的格式：【Ctrl + T 键】。

恢复上一次的“撤消”操作：【Ctrl + Shift + Z 键】。

剪切选定对象并放置在【剪贴板】中：【Ctrl + X 键】。

将渐变填充应用到对象：【F11 键】。

绘制矩形（双击该工具便可创建页框）：【F6 键】。

打开【轮廓笔】对话框：【F12 键】。

打开【轮廓图工具卷帘】：【Ctrl + F9 键】。

绘制螺旋形（双击该工具打开【选项】对话框的【工具框】标签）：【A 键】。

启动【拼写检查器】（检查选定文本的拼写）：【Ctrl + F12 键】。

在当前工具和挑选工具之间切换：【Ctrl + Space 键】。

显示绘图的全屏预览：【F9 键】。

将选择的对象组成群组：【Ctrl + G 键】。

删除选定的对象：【Delete 键】。

转到上一页：【Page Up 键】。

转到下一页：【Page Down 键】。

生成【属性栏】并对准可被标记的第一个可视项：【Ctrl + Backspase 键】。

打开【视图管理器工具卷帘】：【Ctrl + F2 键】。

在最近使用的两种视图之间进行切换：【Shift + F9 键】。

用【手绘】模式绘制线条和曲线：【F5 键】。

使用该工具通过单击及拖动来平移绘图：【H 键】。

刷新当前的绘图窗口：【Ctrl + W 键】。

打开【缩放工具卷帘】：【Alt + F9 键】。

缩放全部的对象到最大：【F4 键】。

缩放选定的对象到最大：【Shift + F2 键】。

缩小绘图中的图形：【F3 键】。

将填充添加到对象（单击并拖动对象实现喷泉式填充）：【G 键】。

打开【透镜工具卷帘】：【Alt + F3 键】。

打开【图形和文本样式工具卷帘】：【Ctrl + F5 键】。

退出 CorelDRAW 并提示保存活动绘图：【Alt + F4 键】。

绘制椭圆形和圆形：【F7 键】。

绘制矩形组：【D 键】。

将对象转换成网状填充对象：【M 键】。

打开【位置工具卷帘】：【Alt + F7 键】。

添加文本（单击添加“美术字”，拖动添加“段落文本”）：【F8 键】。

包含指定线性标注线属性的功能：【Alt + F2 键】。

添加 / 移除文本对象的项目符号（切换）：【Ctrl + M 键】。

将选定对象按照对象的堆栈顺序放置到向后一个位置：【Ctrl + Page Down 键】。

将选定对象按照对象的堆栈顺序放置到向前一个位置：【Ctrl + Page Up 键】。

向上微调对象：【↑键】。

向下微调对象：【↓键】。

向右微调对象：【←键】。

向左微调对象：【→键】。

使用“超微调”因子向上微调对象：【Shift + ↑键】。

使用“细微调”因子向上微调对象：【Ctrl + ↑键】。

使用“超微调”因子向下微调对象：【Shift + ↓键】。

使用“细微调”因子向下微调对象：【Ctrl + ↓键】。

使用“超微调”因子向左微调对象：【Shift +←键】。

使用“细微调”因子向左微调对象：【Ctrl +←键】。

使用“超微调”因子向右微调对象：【Shift +→键】。

使用“细微调”因子向右微调对象：【Ctrl +→键】。

创建新绘图文档：【Ctrl + N 键】。

编辑对象的节点（双击该工具打开【节点编辑卷帘窗】）：【F10 键】。

打开【轮廓颜色】对话框：【Shift + F12 键】。

给对象应用均匀填充：【Shift + F11 键】。

显示整个可打印页面：【Shift + F4 键】。

再制选定对象并以指定的距离偏移：【Ctrl + D 键】。

帮助：【Shift + F1 键】。

将美术字转换为段落文本或将段落文本转换为美术字：【Ctrl + F8 键】。

将选择的对象转换成曲线：【Ctrl + Q 键】。

将轮廓转换成对象：【Ctrl + Shift + Q 键】。

显示所有可用 / 活动的 HTML 字体大小的列表：【Ctrl + Shift + H 键】。

更改文本样式为粗体：【Ctrl + B 键】。

将文本对齐方式更改为行宽的范围内分散文字：【Ctrl + H 键】。

更改选择文本的大小写：【Shift + F3 键】。

将所有文本字符更改为小型大写字符：【Ctrl + Shift + K 键】。

删除文本插入记号右边的字：【Ctrl + Delete 键】。

删除文本插入记号右边的字符：【Delete 键】。

添加 / 移除文本对象的首字下沉格式（切换）：【Ctrl + Shift + D 键】。

选定【文本】标签，打开【选项】对话框：【Ctrl + F10 键】。

更改文本样式为带下划线样式：【Ctrl + U 键】。

显示非打印字符：【Ctrl + Shift + C 键】。

向上选择一段文本：【Ctrl + Shift + ↑键】。

向下选择一段文本：【Ctrl + Shift + ↓键】。

向上选择一个文本框：【Shift + Page Up 键】。

向下选择一个文本框：【Shift + Page Down 键】。

选择文本开始的文本：【Ctrl + Shift + Page Up 键】。

选择文本结尾的文本：【Ctrl + Shift + Page Down 键】。

选择文本框开始的文本：【Ctrl + Shift + Home 键】。

选择文本框结尾的文本：【Ctrl + Shift + End 键】。

选择行首的文本：【Shift + Home 键】。

选择行尾的文本：【Shift + End 键】。

选择文本插入记号左边的字：【Ctrl + Shift +←键】。

选择文本插入记号右边的字：【Ctrl + Shift +→键】。

显示所有绘画样式的列表：【Ctrl + Shift + S 键】。

将文本插入记号移动到文本框开头：【Ctrl + Home 键】。

将文本插入记号移动到文本框结尾：【Ctrl + End 键】。

将文本插入记号移动到行首：【Home 键】。

将文本插入记号移动到行尾：【End 键】。

显示所有可用 / 活动字体粗细的列表：【Ctrl + Shift + W 键】。

显示所有可用 / 活动字体尺寸的列表：【Ctrl + Shift + P 键】。

显示所有可用 / 活动字体的列表：【Ctrl + Shift + F 键】。

将物体置于容器内的快捷键：【=Shift + Ctrl + A 键】。

运行 Visual Basic 应用程序的编辑器：【Alt + F11 键】。

将指定的属性从另一个物件复制至选取的物件：【Ctrl + Shift + A 键】。

将【剪贴簿】的内容贴到图文件内：【Ctrl + V 键】。

打开【旋转泊坞窗口】：【Alt + F8 键】。

启动“属性列”并跳到第一个可加上标签的项目：【Ctrl + Enter 键】。

水平对齐选取物件的中心：【E 键】。

将选取物件向上对齐：【T 键】。

将选取物件向下对齐：【B 键】。

将选取物件向右对齐：【R 键】。

将选取物件向左对齐：【L 键】。

绘制对称式多边形（点击两下即可打开【选项】对话框的【工具箱】标签）：【Y 键】。

在目前工具及【挑选】工具间切换：【空格键】。

绘制曲线，并对笔触应用预设效果、笔刷、喷洒、书写式或压力感应效果：【I 键】。

选取整个图文件：【Ctrl + A 键】。

依据目前选取区域或工具显示物件或工具属性：【Alt + Enter 键】。

输入文字或物件：【Ctrl + I 键】。

将文字变更为垂直（切换）：【Ctrl + . 键】。

将文字变更为水平方向：【Ctrl + , 键】。

将绘图向上平移：【Alt + ↑ 键】。

将绘图向下平移：【Alt + ↓ 键】。

将绘图向左平移：【Alt +←键】。

将绘图向右平移：【Alt +→键】。

将字体大小缩减为前一个点数：【Ctrl + 2（小键盘）键】。

将字体大小增加为下一个点数：【Ctrl + 8（小键盘）键】。

将字体大小缩减为【字体大小列表】中的上一个设定：【Ctrl + 4（小键盘）键】。

将字体大小增加为【字体大小列表】中的下一个设定：【Ctrl + 6（小键盘）键】。

变更文字对齐方式为两端对齐：【Ctrl + J 键】。

变更文字对齐方式为向右对齐：【Ctrl + R 键】。

变更文字对齐方式为向左对齐：【Ctrl + L 键】。

变更文字对齐方式为居中对齐：【Ctrl + E 键】。

参考文献

References

[1] 凌敏，周泽辉 . CorelDRAW 平面设计实战秘技 250 招 [M]. 北京：清华大学出版社，2018.

[2] 冯阳山，李欣洋，陈益品 . CorelDRAW X8 中文全彩铂金版案例教程 [M]. 北京：中国青年出版社，2018.

[3] 聂阳，耿璐，田淼 . CorelDRAW 平面与广告设计实例教程 [M]. 北京：中国铁道出版社，2018.

[4] 王红卫 . CorelDRAW X8 案例设计从入门到精通 [M]. 北京：清华大学出版社，2017.

[5] 毛璞 . 中文版 CorelDRAW X7 平面设计案例教程 [M]. 北京：中国青年出版社，2018.

[6] 战忠丽，周媛媛，姜东洋 . CorelDRAW 平面设计项目化教程（第 2 版）[M]. 武汉：华中科技大学出版社，2017.

[7] 焦灵，张苒 . CorelDRAW X7 平面设计与制作 [M]. 北京：高等教育出版社，2017.

[8] 李天飞，黄计惠 . 平面设计经典案例教程——CorelDRAW X6[M]. 北京：中国铁道出版社，2018.

[9] 王克鲜 . CorelDRAW 2017 平面广告设计案例课堂 [M]. 2 版 . 北京：清华大学出版社，2018.

[10] 新视角文化行 . CorelDRAW X6 中文版图形设计实战从入门到精通版 [M]. 2 版 . 北京：人民邮电出版社，2018.

[11] 黄玮雯，张磊 . CorelDRAW X6 平面设计与制作案例教程 [M]. 北京：机械工业出版社，2017.